U0255796

高等职业教育园林园艺类专业系列教材

园林绘画

主　编　方　月
副主编　张　青　颜亚男
参　编　黄璐滢　黄丽纯　陈淑君
　　　　张立均　史湖杰

机 械 工 业 出 版 社

本书按照高职高专园林类专业的设计基础教学要求编写，针对园林类专业设计内容的要求，以项目课程教学形式设置课程内容。本书共设 5 个项目，18 个任务，涵盖花草树木、山石水体、道路桥梁、建筑及小品等内容。本书从初学者角度出发，引导观察描绘对象，深入浅出，以速写为主要写生形式，钢笔淡彩技法表现为目的，帮助初学者学习、分析、掌握园林设计元素的造型渲染，为园林设计服务。本书可作为高职高专园林类专业教材，也可作为建筑装饰设计专业、环境艺术设计专业的基础教学参考用书。

图书在版编目（CIP）数据

园林绘画/方月主编．—北京：机械工业出版社，2015.9（2024.8 重印）
高等职业教育园林园艺类专业系列教材
ISBN 978-7-111-50386-6

Ⅰ.①园… Ⅱ.①方… Ⅲ.①园林艺术—绘画技法—高等职业教育—教材 Ⅳ.①TU986.1

中国版本图书馆 CIP 数据核字（2015）第 191921 号

机械工业出版社（北京市百万庄大街 22 号 邮政编码 100037）
策划编辑：王靖辉 责任编辑：王靖辉
责任校对：黄兴伟 封面设计：马精明
责任印制：孙 炜
北京中科印刷有限公司印刷
2024 年 8 月第 1 版第 6 次印刷
184mm×260mm · 8.5 印张 · 204 千字
标准书号：ISBN 978-7-111-50386-6
定价：39.80 元

电话服务 网络服务
客服电话：010-88361066 机 工 官 网：www.cmpbook.com
010-88379833 机 工 官 博：weibo.com/cmp1952
010-68326294 金 书 网：www.golden-book.com
封底无防伪标均为盗版 机工教育服务网：www.cmpedu.com

前 言

本书遵循高职高专人才培养方针，根据园林类专业技能要求和培养目标，针对园林类设计专业学生必须具备的绘画基础知识和表现技能编写，按园林设计要求组织教材内容，使之典型化、项目化。园林类设计专业对于绘画的知识要求比较全面，对于表现技能有特殊性，本书包含园林设计元素的形体、色彩、透视等绘画知识和表现技法，将各种绘画知识与园林设计元素表现技能有机结合。

本书具有以下三个特点：

第一，本书内容设置具有针对性，经过多年的教学实践和研究，撇开传统的教学内容比如石膏几何体、器皿、瓜果蔬菜等，采用园林设计元素作为教学内容，分门别类进行项目化构成教学框架，使学生明确课程教学目的。

第二，本书适用于园林类设计专业的初学者，教学内容由浅入深，具有启发性，阐明绘画基本技法，从一草、一叶、一花开始观察概括、写生描绘，能够帮助初学者在较短的时间内掌握园林绘画基本技能，为园林设计表现服务。

第三，本书设计项目化，创新教学模式，“教、学、做”一体化，符合职业技术教学改革的发展趋势，同时与园林设计岗位相衔接，使初学者提高学习积极性，为就业提供途径。

本书由宁波城市职业技术学院方月任主编，并由方月统稿；由杭州职业技术学院张青和山东农业工程学院颜亚男任副主编；参加编写的人员有黑龙江生物科技职业学院黄丽纯，杭州职业技术学院黄璐滢，浙江宁波景坤建筑设计有限公司史湖杰，宁波城市职业技术学院张立均、陈淑君。

本书在编写过程中得到了宁波城市学院景观生态环境学院各位领导和同仁的大力支持，参阅了大量相关资料与作品，在此谨向相关人员及参阅资格的作者表示衷心的感谢！

编者水平有限，如书中有不足之处，敬请广大读者提出宝贵意见，以便改正和完善。

编　者

目录

绘画基础知识

教学目标

知识目标

1. 了解光影与物体形体之间的关系。

2. 掌握色彩的基本理论知识。

3. 掌握基本透视理论知识。

能力（技能）目标

1. 会捕捉物体在光作用下的明暗关系。

2. 能对景物的色彩进行区别。

3. 能画道路桥梁的一点透视和两点透视。

4. 能画建筑物的一点透视和两点透视。

素质目标

1. 具备园林绘画的基本知识。

2. 培养学生互相学习、互相提高的互学精神。

3. 提高学生对景物色彩的感知能力，具备美化生活环境、提高生活质量的基本素质。

任务1　光影与形体

【任务分析】

景物形体的塑造需要光的作用，光有自然光和人工光，在光的照射下，景物会产生明暗关系。如果没有光的作用，眼睛就看不到任何东西，在描绘物体的过程中就不能感知形体和塑造形体。

【工作场景】

多媒体教室、校区等。

【材料工具】

灯具，实物等。

【任务完成步骤】

1. 学习光影与形体的关系。
2. 准备灯具、实物在教室分组实验。
3. 认识室外景物的光影关系。

一、光影

光照在物体上，物体的受光部分称为亮面，背光部分称为暗面，不直接受光又不背光的斜射面为灰面，还有一部分是投影。亮面中有最亮部分（包括高光）和次亮部分；暗面中有最暗部分（包括明暗交界线）和次暗部分，灰面中也有浅灰部分和深灰部分（包括反光面）。物体借助光呈现它们的立体感、质量感和空间感，光的强弱、远近、角度等变化，可以改变物体的明暗关系，光强则受光面就越亮，反之则越暗。在取景构图时，可以根据画面立意的要求，选择最佳时机、最佳角度，并根据物体的具体特征，应用线的不同表现方法描绘景物的立体感、质量感，增强画面的感染力，如图 1-1 、图 1-2 所示。

图 1-1　顺光物体的光影效果

图 1-2　逆光物体的光影效果

二、形体

自然环境和生活环境在光的作用下所展现的可描绘对象丰富多彩，形态各异。作为画者，眼睛是观察、绘画的窗口，必须先训练自己的眼睛观察物体，学会总结、概括物体对象，比如用几何形体去概括物体，把复杂的物体造型通过几何形体概括简化，把握物体的基本结构，掌握科学描绘物体的方法，增强塑造物体的信心。同时画者要有丰富的想象力，通过现象看本质，具备塑造形体的独特思维方式，如图 1-3 所示。

图　1-3

课堂作业

1. 利用灯具、实物进行光照实验，分析物体的明暗关系。
2. 在自然光下进行室外景物光影、形体观察。

课后练习

关注光影下不同景物形体的变化。

任务2 色　彩

【任务分析】

绘画中运用的色彩都是自然规律的反映。自然界有光才有生命，才有色彩，光不仅是生命之源，也是色彩的起因。光让我们的视觉感受到精彩的色彩世界，感知生命的意义，感知自然界的色彩瞬间，感知色彩对生活的重要性，没有光，色与形在我们的视觉中消失。色彩在生活、设计中能够充分地表达情感。不同的色彩有着不同的情感语言，色与色之间的融合、并置又能够产生令人意想不到的艺术设计效果。

【工作场景】

校区、学校花房、公园、植物园等。

【材料工具】

绘画铅笔、普通水笔、水溶性或油性彩色铅笔、马克笔、水彩颜料；绘图纸、素描纸等。

【任务完成步骤】

1. 了解色彩的基本知识。
2. 准备灯具、实物进行实验，感知实物在灯光下的色彩变化。
3. 感知室外景物的色彩变化。
4. 进行不同物体的色彩区别练习。

一、色彩基本知识

园林绘画中的设计色彩是从基础转向设计的过渡，是艺术与设计的结合体。设计色彩的基础是写生色彩，写生色彩是以直观色彩表现为主，是色彩瞬间生动变化的现象，主要研究物体的固有色、光源色、环境色三者之间的关系，作为整体以科学的观察方法对物体的色彩进行分析和表现。

作为设计类的基础绘画，色彩的应用针对性、目的性明确，色彩简练、单纯，设计色彩是写实色彩表现的发展和深化，在大量写生实践中从自然色彩现象中提炼、概括、归纳、超越色彩表面的写生表现，是主动需要、主观认识再创造的色彩。因此要研究和表现设计色彩必须先进行景物色彩写生的训练，掌握色彩的基本知识和基本原理。

二、色彩的基本原理

1. 色彩的自然法则

光的作用让自然界变得五彩缤纷，1666 年艾萨克·牛顿通过三棱镜发现太阳光的色彩光谱，证明了色彩的客观存在。牛顿发现的光谱是一个连续色带：红、橙、黄、绿、青、蓝、紫，色带中的色光由光的三原色（红、蓝、绿）按一定比例和强弱混合而成（图 1-4）。而物理学家大卫·鲁伯特发现染料只有三种最基本的颜色，即我们通常说的三原色：红、黄、蓝。这三种颜色中的任何一种颜色都不能由另外两种颜色调和而成。色彩三原色重叠后呈现的效果如图 1-5 所示。

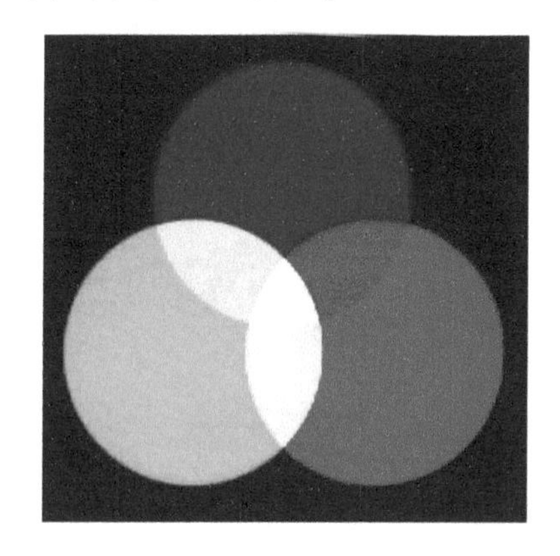

图 1-4　光的三原色重叠后呈现的效果

图 1-5　色彩三原色重叠后呈现的效果

2. 色彩的分类

① 原色：无法调配出来的三种颜色，称为原色，绘画中是指红、黄、蓝三种颜色。原色中的红是玫瑰红，蓝是湖蓝，黄是柠檬黄，如图 1-6 所示。

图 1-6　玫瑰红　湖蓝　柠檬黄

② 间色：两种原色相混合后产生的颜色称为间色。根据原色加入的比例不同可以产生多种间色。如黄 + 蓝，黄多则呈草绿，蓝多则呈深绿；如红 + 黄，黄多则呈橘黄，红多则呈橘红，如图 1-7 所示。

③ 复色：三种或三种以上的颜色相混合所产生的颜色称为复色。复色比间色的色彩纯度明显下降，产生大量的灰黄、灰红、灰绿、灰蓝、灰紫、灰褚，如图 1-8 所示。

④ 对比色（补色）：在色相环中直线距离最远的一对颜色称为补色，如红与绿、黄与紫、橙与蓝，两种补色调配为黑灰色，如图 1-9 所示。

图 1-7

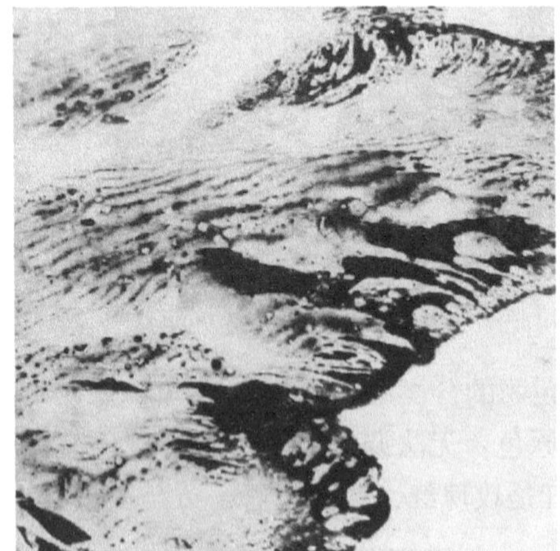

图 1-8

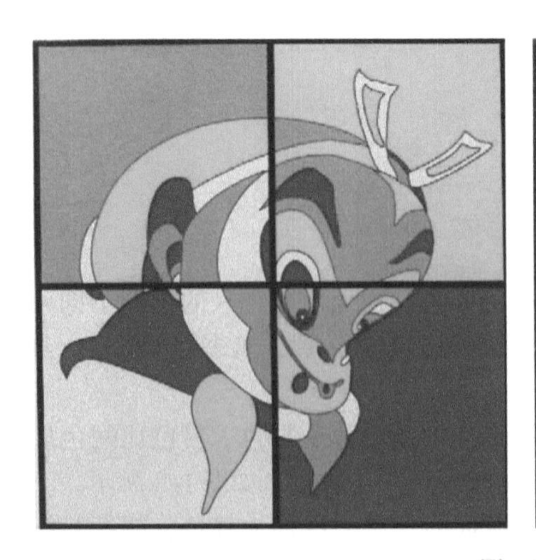

图 1-9

3. 色彩三要素

① 色相：色彩的“相貌”，一般根据其特色进行命名。色相就如一个人的外貌，体现物体外部色彩的性格。任何黑白灰以外的颜色都有色相的属性，而色相也就是由原色、间色和复色构成的，如图 1-10 所示 12 色色相和 24 色色相的变化。

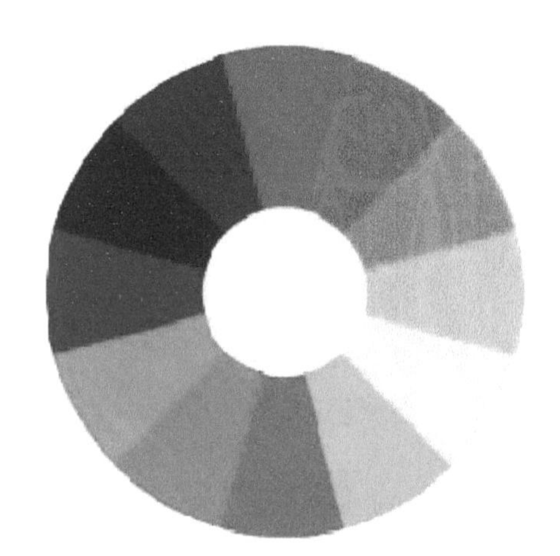
12色色相环

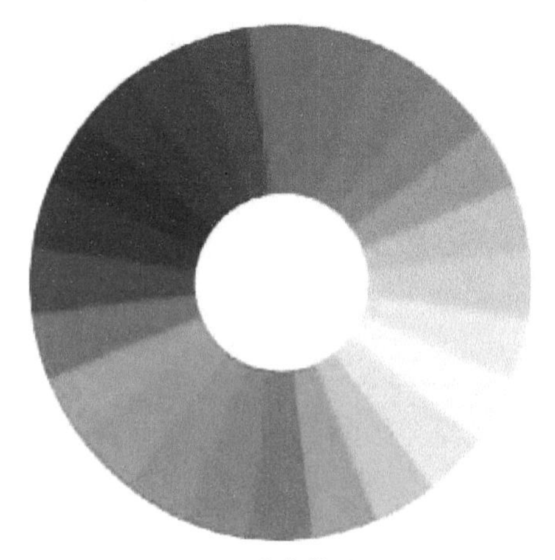
24色色相环

图　1-10

自然界中的色相非常丰富，如紫红、银灰、橙黄等。基础绘画中常用的色彩颜料是水粉，其色相有绿色系：粉绿、淡绿、翠绿、橄榄绿、深绿等；蓝色系：湖蓝、钴蓝、普蓝、群青等；黄色系：柠檬黄、淡黄、中黄、橘黄、土黄等；红色系：橘红、朱红、大红、深红、玫瑰红等；紫色系：紫罗兰、青莲等；褐色系：土红、熟褐、深褐等。在对园林植物景观的写生中，植物色相绿色系列的表现微妙且众多，对“相貌”的描绘、区别有一定的难度。

② 明度：指色彩的明暗程度。如一种颜色加入白色越多，明度越高，如图 1-11 中的明度渐变（加白）；反之加入黑色越多，明度就越低。明度高的色彩加明度低的色彩会降低原来高明度的色彩明度，随之色彩的色相或纯度都会改变，如图 1-11 中的色相明度。

明度渐变（加白）

色相明度

图　1-11

③ 纯度：指色彩的饱和、鲜艳程度。光色中的红、橙、黄、绿、蓝、紫都是高纯度的。一种色彩只要不加入其他色彩，就是高纯度，反之其他色彩加得越多，纯度就越低，如图 1-12 所示。黑、白、灰无色彩，其纯度等于零。

低纯度

高纯度

图 1-12

4. 影响色彩关系的要素

① 光源色：指不同光源发出的强弱不同的光色。光源分两种：自然光源和人造光源，如太阳光、电灯光，光源自身是有色彩的。不同色彩特别是强光源，可以同化或改变物体的色彩，如图 1-13 所示。

② 固有色：指物体在正常的白色日光照射下所呈现的颜色，主要是指光照下的物体，处于明暗关系中的中间色调，如图 1-13 所示。

③ 环境色：也称为条件色，即环境的色彩反射在物体上形成的色彩倾向，环境色一般反映在物体的暗部，也就是反光部分，如图 1-13 所示。

图 1-13

④ 空间色：指因物体距离的远近不同而产生的色彩透视现象。景物距离越远，形象越模糊，就会产生景物形的虚实变化、色调的深浅变化、色彩的纯度变化，如图 1-14 所示。

图　1-14

5. 色彩的属性

① 暖色系：指的是包括黄、红、褐、赭的所有色彩。它们给人以热烈、欢快、温暖、奔放的感觉。

② 冷色系：指的是包括绿色、蓝色、紫色的所有色彩，它给人以清冷、宁静、凉爽的感觉。冷色和暖色并非是绝对的，如在冷色系中，不同的色彩进行比较，相对于色调更冷的色彩，色调没那么冷的色彩会显得暖，反之暖色也如此。

③ 补色对比：补色是在色相环中通过直径相对的颜色，如红与绿，橙与蓝，黄与紫。一种特定的颜色只有一种补色。一对补色放置一起能产生最强烈的对比。

④ 同类色：相同类别的色彩称为同类色，如浅绿、翠绿、深绿、橄榄绿，又或柠檬黄、淡黄、中黄、土黄，就属于同类色。

⑤ 近似色：同类别色彩或相近的不同类别色彩称为近似色，如橘黄与橘红、朱红与大红就是近似色。不同类别但明度相近的冷暖色彩也称为近似色，如淡绿与湖蓝、群青与紫、玫瑰红与紫罗兰等。

⑥ 协调色：指的是所使用的色彩在形式、内容、表现、手段上，都处于相互帮衬、相互制约、协同一致的搭配关系，如原色、间色与复色、复色与灰色的协调等。

课堂作业

1. 利用灯具、实物进行光照实验，分析物体的色彩变化。
2. 观察自然光下室外景物色彩的变化。

课后练习

关注光影下不同景物色彩的变化。

任务3 透　视

【任务分析】

掌握绘画写生和创作构图造型渲染中的透视学理论知识，学好透视，能够对景物、人物等进行比较准确的描绘和创意，处理好被描绘对象在画面中的主次、虚实、远近、空间的关系，在平面的画面上塑造表现富有立体感、空间感、生动感的作品。

【工作场景】

校区、城区马路等。

【材料工具】

绘画铅笔、普通水笔；水溶性或油性彩色铅笔、马克笔；普通打印纸、绘图纸、素描纸等。

【任务完成步骤】

1. 学习透视基本知识。
2. 掌握常用的道路、园桥透视画法。
3. 掌握常用的建筑透视画法。

一、透视学知识

（一）透视的基本概念

在日常生活中，我们所看到的自然环境、生活环境中植物景观、建筑景观、人物等都有远近、大小、高低、长短的变化，这是由于距离、方位的不同在人的视觉中引起不同的反映，这种现象就是透视。研究透视变化的基本规律和基本画法以及如何应用在绘画写生和创作的方法就叫绘画透视学。

（二）透视学的基本术语

① 画面：指把一切立体的物体形象都设定在一个平面上，这个平面就是假定在人眼与物体之间的透明的平面，就叫画面，如图 1-15 所示。它必须垂直于地面，必须与画者的视线垂直。我们通常理解的画面是指在实际绘画中的画纸、画布等。

② 视平线：指与画者眼睛平行的水平线。视平线对画面起着一定的支配作用，视平线决定被画物的透视斜度，被画物高于视平线时，透视线向下斜；被画物低于视平线时，透视线向上斜。不同高低的视平线，会产生不同的效果。

③ 心点：指画者眼睛正对着视平线上的一点。

④ 视点：指画者眼睛的位置。

⑤ 视中线：指视点与心点相连，与画面、视平线成垂直的线。

⑥ 视高：指从视平线到地面的垂直距离。

⑦ 消失点：指与画面不平行的成角物体，在透视中伸远到视平线心点两旁的消失点。

⑧ 原线：指与画面平行的直线，不会消失，无限延长。

⑨ 变线：指与画面不平行的直线，最终必定会消失。

⑩ 透视图：指将看到的或设想的景物等，依照透视规律表现出来，所得到的图叫透视图，常用的有一点透视和两点透视。

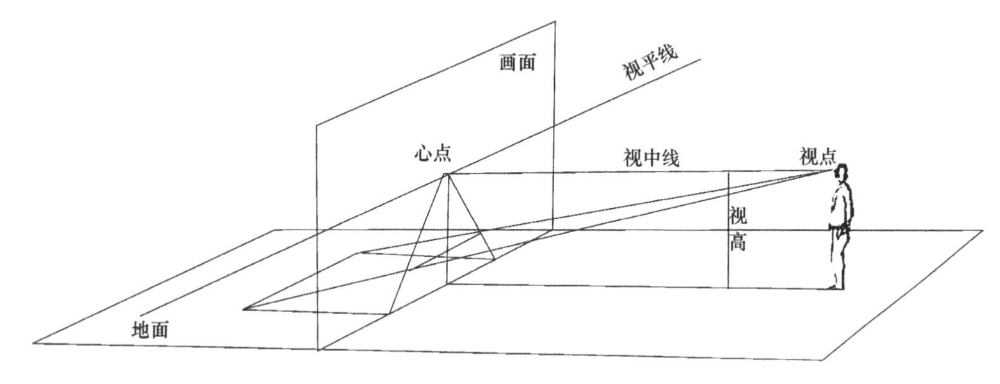

图　1-15

二、常用的透视画法

（一）一点透视

1. 一点透视的定义

一点透视也叫平行透视，是指被画物体的一面，类似正方形或长方形与画面成平行的透视。常见的建筑物外观、室内空间，桌椅、橱柜，道路桥梁等，这些物体不管它的形体如何不同，概括一下，都可以归纳为一个或数个几何形体状，只要有一个面与画面成平行状态，就叫平行透视。这种透视有整齐、平展、稳定、庄严的感觉，如图 1-16 所示。

图　1-16

物体与画面成平行的面，它们的形状不变，只有在距离远近的透视中有近大远小的比例变化，如图 1-17 所示。

2. 一点透视的画法

利用一点透视物体的正面与视线成垂直的特点，找出正面与侧面所形成的角度，把侧面有角度的、与地面交界的线和顶部边缘线无限延长，相交于一点即消失点与心点的重合点，

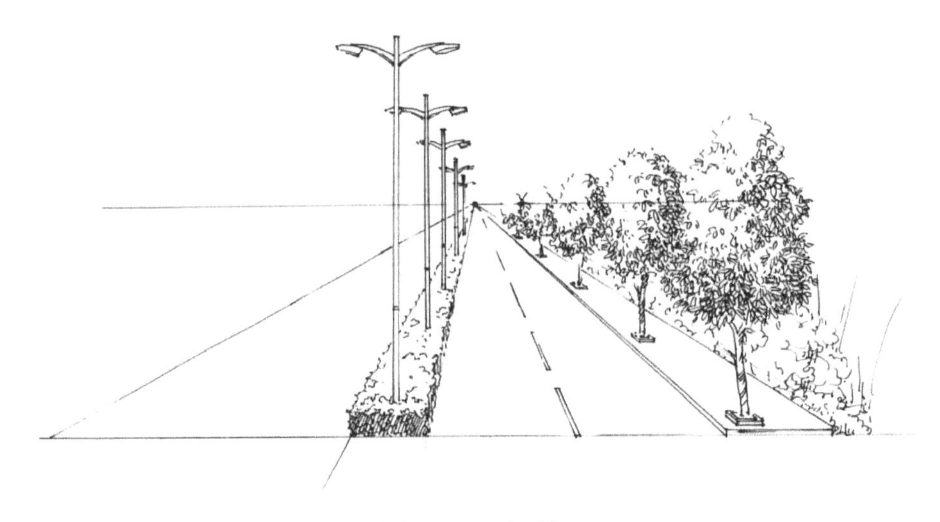

图 1-17　一点透视

通过心点（消失点）作水平线即视平线，如图 1-18 所示。一点透视基本规律明确后，开始画大体基本形体。

图　1-18

（二）两点透视

1. 两点透视的定义

两点透视也叫成角透视，是指被画物体的任何一面都不与画面平行，不与人的视中线垂直的物体透视，如图 1-19 所示。这种透视能使构图有变化，画面活泼生动。

2. 两点透视的画法

在两点透视画法中最基本的表现对象是立方体。如对建筑物进行描绘时，选择被画建筑物的任何一面与画面成一定的角度，并根据物体近大远小的基本规律，利用建筑物面与面的分界线所造成的角度，确定视平线，画两个消失点，然后向左右方向分别画出物体的远近关系。当明确两点透视的基本方法后，按两点透视规律开始画物体的基本形体，如图 1-20 所示。

图 1-19　两点透视

图　1-20

在透视图中，与画面不平行的直线称为变线，与画面平行的直线称为原线，如图 1-21 所示。等比例的、大小相同的物体近大远小，近实远虚。根据实景确定透视关系，如植物景观大小不一，由植物的远近关系、主次关系和形体特征确定它的透视关系。

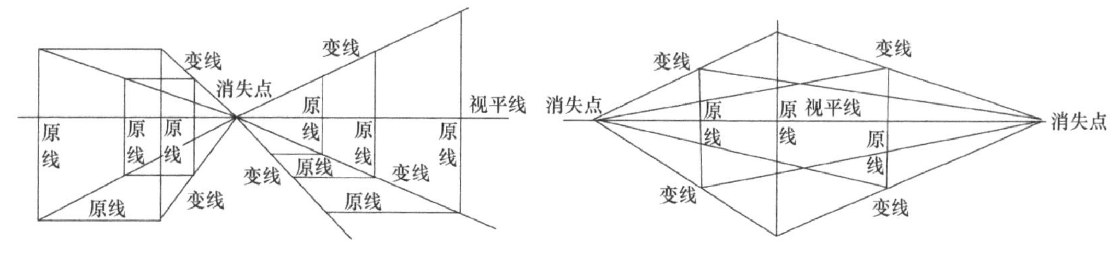

图　1-21

一般情况下，在画道路、桥梁、建筑物时用一点透视和两点透视的透视方法，基本上可以满足画物体基本形体的要求，如图 1-22 所示。画鸟瞰图则例外，必须要掌握三点透视规律，这在后续的景观设计等课程中有明确的理论知识学习内容和画法，在这里就不介绍了。

图 1-22　一点透视（学生作品）

课堂作业

1. 学习掌握透视学的基本术语。
2. 在道路景观图或建筑景观图片上练习画一点透视和两点透视图。

植物景观造型渲染

教学目标

知识目标

1. 掌握观察、理解分析植物景观造型的方法。

2. 掌握植物景观及环境的渲染方法。

3. 具备植物景观及环境写生技法与造型设计表现的能力。

4. 具备植物景观的重组、表现、创意能力。

能力（技能）目标

1. 会选择观察植物景观。

2. 能对植物景观进行概括。

3. 能写实塑造植物景观。

4. 能重组表现植物景观。

5. 能对植物景观进行创意设计。

素质目标

1. 具备植物景观设计的基本素质。

2. 培养学生互相学习、互相提高的互学精神。

3. 提高学生的植物景观设计审美能力，具备美化生活环境、提高生活质量、服务社会大众的基本思想。

任务1 花草、灌木造型渲染

【任务分析】

花草、灌木在环境设计中应用广泛，不仅应用于园林工程设计，也应用于建筑装饰陈设设计。花草、灌木种类丰富多彩，形态各异，室内外、庭院、露台、阳台等都有花境景观的展现，或优雅、宁静，或热烈、奔放，视觉享受带来了充分的精神享受。

初学者绘画基础薄弱，特别是对花草、灌木的认识和描绘不多，在实际写生中会碰到较多的问题，主要有视觉观察、画面构图、概括造型、线的应用、大小比例、疏密关系、主次关系；教师授课应先板画示范，后在学生写生过程中辅导。

【工作场景】

校区、学校花房、公园、植物园等。

【材料工具】

绘画铅笔、钢笔、美工笔、普通水笔；水溶性或油性彩色铅笔、马克笔，水彩颜料；普通打印纸、绘图纸、素描纸等。

【任务完成步骤】

1. 认真观察描绘对象——花草、灌木，初学者要做到“多看少画”。
2. 花草、灌木影像记忆——基本特征。
3. 整体写生或临摹——用几何形体概括描绘对象。
4. 构图布局。
5. 注意线的组织应用，注意比例关系、主次关系、虚实关系。
6. 学生写生中教师全程辅导、个别点评或集中点评。

一、花草、灌木造型（观察）分析

花卉主要由花朵、叶子、花茎组成。大多数花卉，花朵的形状无论从哪个角度看基本上是圆形或半球体，成放射状，叶子基本是椭圆形或心形，花茎是在完成花朵和叶子描绘后，连接花朵和叶子的“桥梁”。花卉速写是学习园林植物景观设计的基本功。

在对花草、灌木进行写生时，注意观察花草、灌木的神态，研究和了解它的组织结构及形象特征。在表现形式上，进行剪裁、取舍、创意，从而达到神形兼备的效果。初学者写生或临摹花草时，先选择单个花、草观察。观察花、草的神态，主要是形象特征，从整体开始研究被描绘对象的基本形体，忽略细节部分，概括花草的基本形体，在思想上把对象转换为几何形体，确定它的主要形状，开始花卉的描绘，最后根据个体特征进行局部的描绘和调整补充，其他细节部分就是锦上添花或不再描绘。花卉基本形体为半球体如图 2-1 所示，花卉基本形体为正面圆形、侧面锥体如图 2-2 所示，花卉的整体概括基本形体写生如图 2-3 所示。

大多数单瓣花卉正面呈圆形，侧面呈椭圆形或锥体状，花叶的基本形呈椭圆状，如图2-4、图 2-5 所示。

图2-1　花卉基本形体为半球体

图2-2　花卉基本形体为正面圆形、侧面锥体

图2-3　花卉的整体概括基本形体写生

图　2-4

图 2-5

草的基本形呈带状，带状长、短、宽不一，如图 2-6、图 2-7 所示。

图 2-6　　　　图 2-7

灌木主干不明显，常在根基部发出多个枝条，在道路边、公园、庭院等设计中有球体生长状态和长方体、圆柱体等人工修剪状态，如图 2-8、图 2-9 所示。如绿篱，人工修剪呈长方体状、长方体蜿蜒状或不规则状。

图 2-8　　图 2-9

二、花草、灌木造型渲染技法表现

写生时，注意观察花的神态，掌握它的组织结构及形象特征。在表现时，要进行适当地剪裁、取舍和改造，以达到神形兼备的效果。由于一枝花、一株花、一丛花和一片花海造景写生的目的不同，对花境造型的要求也各有侧重。一丛花卉速写不必将花枝的细部结构画得特别细致，而是在整体的疏密关系、穿插处理及各种花卉的主要形态特征方面下功夫，注意主次关系、前后关系、虚实变化和整体动势等，如图 2-10 所示。

图 2-10

（一）线描速写

学习中国工笔画表现技法，以线条为主速写。单色线绘画，主要用黑色线条作画，如中国画的白描。单色线绘画的风格各异，样式纷杂，由于工具不同，线条也各具特色：铅笔、炭笔的线有虚实、深浅变化；毛笔有粗细、浓淡变化；而钢笔、水笔最单纯、常用，可以有虚实、粗细、深浅、浓淡变化，有线的轻重变化；美工笔用线粗细变化明显。描绘对象不同，则表达的思想不同，有的线刚健，有的线柔弱，有的线拙笨，有的线流畅，如图 2-11 所示。

图 2-11

以线条为主的速写要注意：

① 用线要连贯、流畅，忌迟疑，短、碎连接，如图 2-12 所示。

② 用线要有轻重变化、刚柔相济，虚实相间，如图 2-13 所示。

③ 用线要有节奏、抑扬顿挫、起伏跌宕。形体结构的表现需要处理好主次关系、大小比例关系、疏密关系和虚实关系。

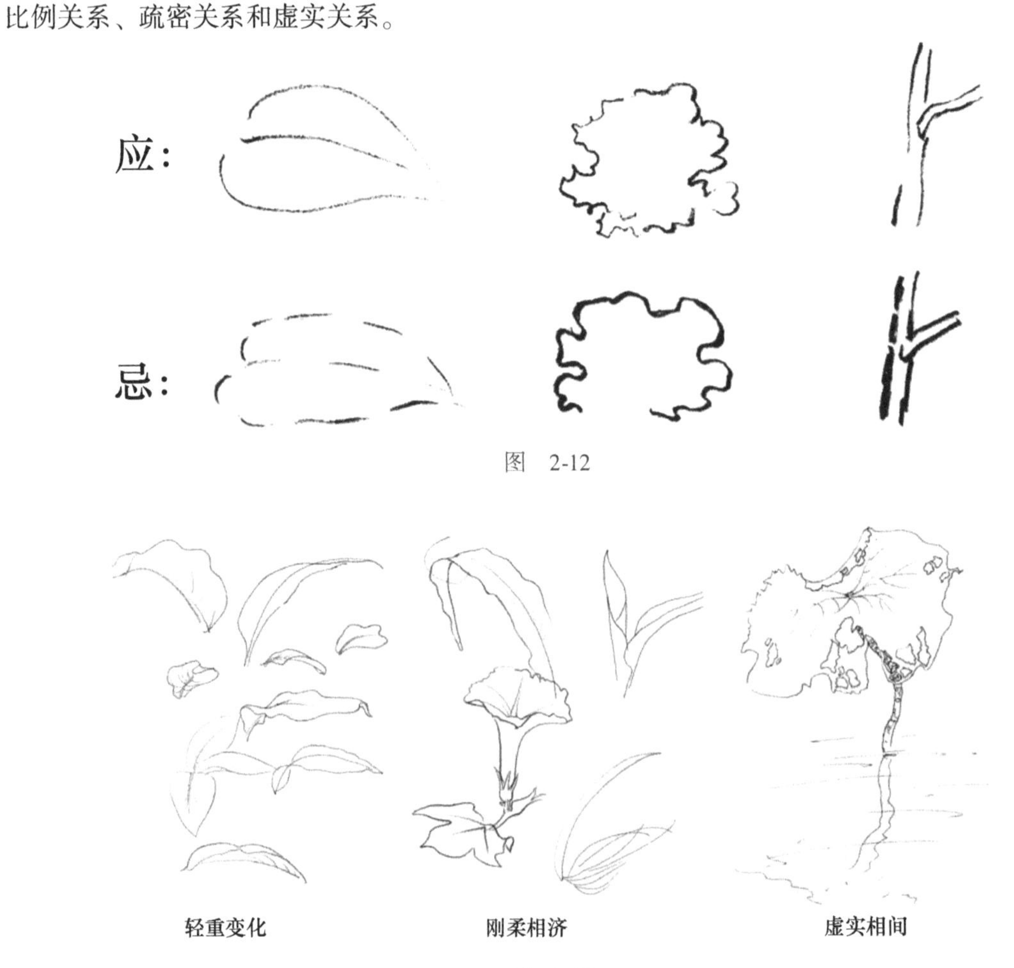

图 2-12

图 2-13

主次关系表现为：找准所要描绘的物体需要重点表现的部分，然后再锁定目标开始作画。如同画人物肖像，不要求画人的躯体，主要是突出颜面部分，如果花草、灌木是主体就必须深入描绘，充分表现，其他点到为止，不必强调深入，如图 2-14 所示。

图　2-14

大小比例关系表现为：从绘画审美的角度去看物体，描绘的对象形体有大小比例，高低节奏，变化生动，如图 2-15 所示。如果对象不符合要求，作为设计性绘画，按照要求可以站在基本创意的角度上考虑对画面进行调整取舍。

图 2-15　大小比例关系

疏密关系表现为：所要描绘的对象，不能完全看对象照样画葫芦，如花、草、叶子的组合除了大小比例的处理，描绘对象还要作相应的舍弃和补充，疏密要有对比，产生距离美，如图 2-16、图 2-17 所示。

图 2-16　　　　图 2-17

虚实关系表现为：主要是指主景与配景和画面前后的处理，主景需要强调、重点描绘，与此相配的配景是绿叶配红花，点到为止，无须突出，如图 2-14 所示。

其他在描绘时需注意的表现细节如花叶朝向、高低节奏如图 2-18、图 2-19 所示。

图 2-18　　　　图 2-19

（二）线面速写

受自然光源作用，物体在光线照射下，发生明暗变化，物体产生明暗面，即受光面、背光面和投影，具有立体感，线条组织则注重物体的特征和质感，以粗的、实的、重的线组织表现物体的背光面，强调往前突出的部分，以细的、虚的、轻的线起后退、减弱的作用，产生距离感和空间感；有的则是用粗细较为均匀的线，不考虑细微的空间关系，用线的墨色变化和线的疏密关系及基本透视造型，来决定物体形体的前后关系，如图 2-20 所示。

图 2-20　线面速写

（三）明暗速写

运用明暗调子作为表现手段的速写，可以立体地表现光线照射下物体的形体结构，其优点是有强烈的明暗对比效果，能很好地表现物体的空间关系，有较为丰富的色调层次变化，有厚重的视觉效果。作为速写，要描绘的明暗色调要比素描明暗关系简洁，素描明暗的五个调子中，明暗速写只需要其中的黑、白、灰三个主要调子就可以。光照下受光面与背光面的明暗区别，强调转折交界面的描绘，暗面表现要充分，多用笔墨，亮面少画多留白，适当减弱灰调子即中间层次的描绘，形成黑、白、灰三个调子的对比，突出体积，表现质感。在以明暗为主的速写中，因为常常需要突出主体，虚化其他描绘对象，表现时主体描绘强调黑、白、灰明暗关系，其他次要部分黑、白、灰调子描绘则不必强调，有的则点到为止，画面主次分明，如图 2-21 ~ 图 2-23 所示。

图 2-21　明暗关系

图 2-22　花叶的线面明暗速写技法表现

图 2-23　灌木明暗速写技法表现

提示：此工作任务完成的思维方式和造型技法表现对随后的项目工作任务完成同样适用。

三、花草、灌木的写生步骤

① 选景构图，经营画面：选择理想角度，安排花、枝、叶在画面上的位置。

② 概括画出花、叶子的基本形体，正面、侧面、反面不同的形体变化。

③ 在了解花草或灌木形体结构的基础上，分出层次关系。

④ 用肯定的线条按前后层次分组画出，前实后虚，笔墨前重后轻，突出主体，如图 2-24 所示。

⑤ 花草、灌木的色彩渲染：钢笔或水笔淡彩，用马克笔进行色彩渲染，先画受光面色彩，后画背光面，再画花，如图 2-25 所示。

图 2-24

图 2-25

课堂作业

1. 花卉写生：开始是一片叶或一朵花的写生，然后是一组、一棵、两棵花卉练习。

2. 草、灌木写生：开始是一叶或一枝、一棵的写生，然后是群组写生。

3. 练习视觉观察描绘对象、概括描绘对象，表现主次关系、虚实关系。

课后练习

随时随地建议携带钢笔或水笔、美工笔、速写本，课余任何时间都可以进行写生或临摹练习。分别对不同的花草、灌木及环境进行写生或临摹。

任务2　行道树造型渲染

【任务分析】

行道树是沿道路两旁或隔离带栽植的成行的树木、灌木，道路系统绿化是现代城乡建设中的基础设施，是园林工程设计中的重要部分，有着积极、主动的环境生态优化作用。行道树的主要设计栽培场所为人行道绿带、分车线绿岛、市民广场游径、河滨林荫道及城乡公路两侧等，学习行道树及相关绿化植物的造型和渲染，是园林、道路设计专业学习必不可少的一环。

【工作场景】

城乡道路两旁、广场游径、河滨林荫道等。

【材料工具】

绘画铅笔、炭笔、钢笔、普通水笔；水溶性或油性彩色铅笔、马克笔；普通打印纸、绘图纸、素描纸等。

【任务完成步骤】

1. 认真观察描绘对象——行道树，初学者要做到认真观察。
2. 行道树影像记忆——基本特征。
3. 整体写生或临摹——用几何形体概括描绘对象。
4. 构图布局。
5. 注意线的组织应用，注意比例关系、主次关系、虚实关系。
6. 学生写生中教师全程辅导、个别点评或集中点评。

一、行道树造型（观察）分析

在行道树的造型过程中，应注意掌握观察方法，学会概括、取舍要描绘的内容。行道树的树冠基本是呈圆锥体、球体，或由多个球形体组成，树干则是柱体或锥体状；道路绿化中的花草、灌木、绿篱的组合造型基本是人为设计造型，主要以几何形体呈现，有长方体状、圆柱体状、球体状，通常是与行道树组合重复连续展现，形成纹样设计中的二方连续图案，具有鲜明的视觉感受，装饰性强。如图2-26、图2-27所示。

图　2-26

图　2-27

写生时要注意光影下行道树的形体变化，从整体着手，如图2-28、图2-29所示。

图　2-28

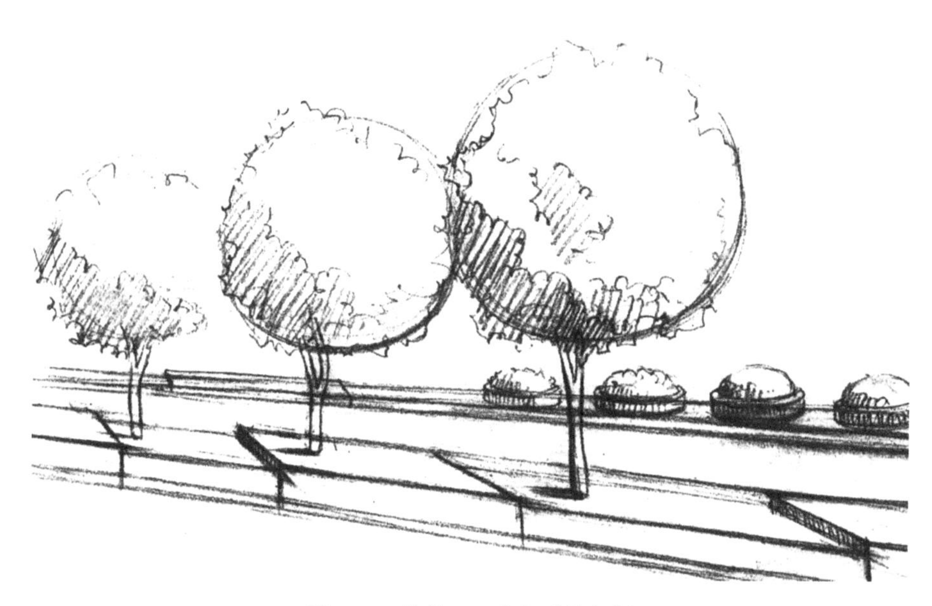

图2-29　整体——几何形体概括

因此在对行道树及组合体（花草、灌木、绿篱）的造型过程中，首先对不同的行道树进行认真观察，了解它们的基本形体和基本特征，然后进行取舍、概括，突出它的美感，如果有不尽人意的地方，加以主观修饰和基本创意，如图2-30、图2-31所示。

图 2-30 单个球体造型构成

图 2-31 多球体造型构成

二、行道树造型渲染技法表现

（一）线面速写

树叶少的树种应先画主干，依次画次干、枝条，然后再画叶子，注意疏密关系，主次前后关系。在光的作用下，主干暗面部分的描绘要根据树表皮的特征多画，并向受光面渐变，如图 2-32、图 2-33 所示。

图 2-32

图 2-33　落叶行道树技法表现

（二）明暗速写

树冠茂盛多叶的行道树，要先画树冠的基本形，如图 2-29、图 2-30 所示。阔叶的树种造型描绘要用多变的曲线，注意线的轻重变化和曲线的大小变化，后画树干、枝条。为了强调行道树的形体关系，根据不同树的具体质感特征，以明暗速写塑造为主，具体是不同的特征用线曲直不同、虚实不同、组织不同。如单棵行道树——阔叶树的造型，基本形要用连续的大小曲线并虚实相间描绘构成，在光的作用下，受光面少画，背光面要根据树叶的特征描绘，组织树叶多画，构成明暗关系；针叶树则用短促的曲线或直线组织构成，同样是背光面组织树叶多画，受光面少画，加强明暗对比关系，如图 2-34、图 2-35 所示。群组或有前后、左右距离关系两棵以上的树，应根据画面的主次要求，强调主体部分。

图 2-34　明暗关系

图 2-35 三种行道树明暗技法表现

三、行道树色彩渲染

行道树的色彩主要是以绿色调子为主，大部分行道树色彩基本是较深的绿色，基本是同类色。通常情况下草地比其他树种的色彩明度高，树种则色彩明度不一，随着季节的变化，树的绿颜色偏冷或偏暖，倾向性不同。行道树除景观树外还有常见的其他植物色彩的造型表现，如绿篱中的金叶女贞色彩最突出的时候偏柠檬黄，红花檵木为深红色，开花时为比较鲜艳的紫红色，这些描绘对象在自然光线下，除了明暗变化，色彩也发生变化。画面色彩渲染时由远及近，先天空或建筑等配景，色彩简洁明了，地面基本上是灰色调，协调、统一整个画面的色彩，然后是草地，再是树的描绘渲染，配景处理，整体调整完成。

色彩渲染时先铺大体色，以固有色为主，用马克笔色彩、水粉颜料或水彩颜料确定不同树种及环境的色彩相貌。如用马克笔渲染色彩明快，用笔简练利落，对不同质感、肌理的植物、环境表现用笔有明显的区别，植物表现基本用曲线，路面、建筑墙面等基本用直线。先画受光面的固有色，不要满铺少许留白，再画背光面色彩和投影，从整体到局部，如图 2-36 所示。

图 2-36 马克笔色彩渲染

四、行道树组合造型写生步骤

① 选景：选择最佳角度进行定位布局，如图2-37所示。

图2-37　确定写生透视角度

② 构图：观察描绘对象，选择描绘的主要写生对象进行主次景构图。

③ 画基本形：概括对象，作基本形体的构成，如图2-38所示。

图2-38　确定基本形体

④ 先整体后局部：先画近处主要部分，依次连续描绘。

⑤ 局部到整体：大关系画完后，落实到对主要表现对象的描绘，处理好主次关系、明暗关系和虚实关系，体现景物的远近感和距离感，如图2-39所示。

图 2-39 明暗关系

⑥ 色彩渲染：先画固有色，再画环境色、光源色、投影色，受光面少许留白，如图 2-40 所示。

图 2-40

课堂作业

1. 行道树写生：开始是落叶行道树的写生，然后是多叶行道树写生，一棵、两棵以上写生或临摹。

2. 行道树与花草、灌木组合写生。

课后练习

课余时间用钢笔或水笔、速写本，对不同的行道树、与行道树组成景观的花草灌木及环境进行写生或临摹。

任务3　庭院树造型渲染

【任务分析】

随着园林绿化走进越来越多的小区、私家庭院等，人们能够塑造和享受更加多样化的园林景观。在小区或庭园中，一小片空地，一个墙角都可以呈现出别致的绿色景观。各色花草、灌木和高大乔木，高低错落，构成了多层次的景观，塑造美丽的庭院景色和舒适的人性化生活环境，学习庭院绿化及相关绿化植物的造型和渲染，能为园林设计者提供庭院设计基础。

【工作场景】

校区、小区、别墅、酒店、写字楼等。

【材料工具】

绘画铅笔、炭笔、钢笔、普通水笔；水溶性或油性彩色铅笔、马克笔；普通打印纸、绘图纸、素描纸等。

【任务完成步骤】

1. 认真观察描绘对象——庭院树，对种类较多的植物组合进行整合。
2. 庭院树等组合影像记忆——基本特征。
3. 整体写生或临摹——用几何形体概括描绘对象。
4. 构图布局。
5. 注意线的组织应用，注意比例关系、主次关系、虚实关系。

一、庭院树造型（观察）分析

庭院绿化树种树形丰富，色彩明快，植物可配置成高、中、低各层次，高大树种较少，如图2-41所示。庭院树形多变各异，包括植物盆景，如图2-42所示，基本是呈圆锥体、球体，或由多个球体和不规则形体等组成，形态多样，树叶基本是呈阔叶状和针叶状。庭院中花草或灌木组合造型基本是人为设计造型，以多样化形体呈现，常见的有带状，如图2-43所示。在对庭院树的造型过程中，首先认真观察不同树种与花草、灌木或其他组合的基本形体和基本特征，然后进行取舍、概括，突出它的美感，再加以主观修饰，如图2-44所示。

图2-41　高低组合

图2-42　大小组合

图 2-43　色块带状组合

图 2-44　与石块等组合

二、庭院树造型渲染技法表现

庭院树的种类、大小、形体各不相同，具体树的画法基本上与行道树相同，主要根据树的具体质感特征进行塑造，如图 2-45 所示。在画群组的树和花草、灌木时，特别要强调前后、远近关系，如果以中景的树为主体，就要重点描绘，前景和远景的树不作具体表现，远处的简单画基本形，用虚实关系表现前后层次，配景基本上是一笔带过，位置恰到好处，起点缀作用，如图 2-46 所示。色彩渲染时，先画天空或远景，用色概括，作为主景的树要强调固有色，强光时光源色要注意描绘，表达天气变化时人对绿色植物的感受。庭院树环境空间相对较大，环境色彩对主体影响不大，变化不明显，可根据环境色彩进行加工渲染，如图 2-47 所示，注意整体刻画。

（一）线面速写

根据不同庭院树的特征组织用线，表现庭院树的不同面，构成立体关系，通常是受光面少画，背光面或受光少的面要多画、多表现，保持不同庭院树的本来面貌，如图 2-46、图 2-48 和图 2-49 所示。

图 2-45　多叶树和少叶树

图2-46　主次关系

图2-47　前后虚实关系

图 2-48　植物盆景

图 2-49　与建筑的关系

（二）明暗速写

强调光影关系和明暗对比，注重层次变化。

单个庭院树写生时，首先确定主光源，先统一画背光面（暗面），后画背光面较深部分，如图 2-50 所示树干明暗交界的不同表现，再依次画树洞或裂痕等细部，强调质感，注意暗面整体统一，明度不要超过受光面。

多种庭院树写生时，包括建筑物，首先要进行色彩深浅对比，有区别地画不同树种，然后具体地表现明暗，强调质感，体现主次关系，如图 2-51、图 2-52 所示。

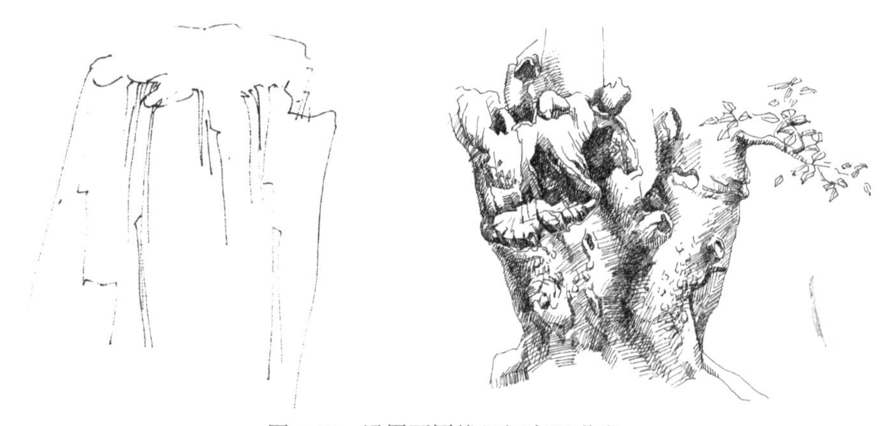

图 2-50　运用不同线组织表现明暗

图 2-51　前后对比，质感区别

图 2-52　主次和层次

三、庭院树组合造型写生步骤

① 选景：选择最佳角度进行定位布局，如图 2-53 所示。

图 2-53

② 构图：观察描绘对象，选择描绘的主要对象进行主次景构图，如图 2-54 所示。

③ 画基本形：概括对象，作基本形体的基本构成，如图 2-54 所示。

图 2-54

④ 先整体后局部：先进行主体部分的写生塑造，依次作配景的塑造，如图 2-55 所示。

图 2-55

⑤ 局部到整体：主次景组合关系画完后，落实到对主要表现对象的描绘，处理好主次关系、明暗关系和虚实关系，体现景物的远近感和距离感，如图2-56所示。

图 2-56

⑥ 色彩渲染，先画固有色，再画环境色、光源色、投影，受光面少许留白，如图2-57所示。

图 2-57

课堂作业

1. 庭院树写生：庭院树一棵、两棵以上写生或临摹。

2. 庭院树与花草、灌木及环境组合写生。

3. 练习视觉观察描绘对象、概括描绘对象，表现主次关系、虚实关系和色彩关系。

课后练习

课余时间进行写生或临摹，对不同的庭院树和花草、灌木及环境进行写生或临摹。

任务4 立体绿化造型渲染

【任务分析】

立体绿化是多视角、多层次的立体式植物绿化景观，是维持生态平衡、改善环境、美化城市与乡村等生活环境的有效措施。有墙体绿化、屋顶绿化、围栏绿化、阳台绿化、露台绿化、桥体桥柱绿化、立体花坛绿化等，植物与环境组合造型形式多样随意，富有创意。

【工作场景】

校区、公园、酒店、写字楼或庭院、景区等各种场所。

【材料工具】

绘画铅笔、普通水笔；水溶性或油性彩色铅笔、马克笔；普通打印纸、绘图纸、素描纸等。

【任务完成步骤】

1. 认真观察描绘对象——立体绿化景观，做到整体整合，取舍有度。

2. 立体绿化景观影像记忆——基本特征。

3. 整体写生或临摹——用几何形体概括描绘对象。
4. 构图布局。
5. 注意线的组织应用，注意比例关系、主次关系、虚实关系。
6. 学生写生中教师全程辅导、个别点评或集中点评。

一、立体绿化造型（观察）分析

立体绿化植物景观与环境组合造型形式多样、随意，丰富多彩，有的植物依附各类建筑构件呈现，如图2-58所示；各类展会、大街小巷立体绿化装饰，大体是呈圆柱体、球体、长方体等几何形体状，如图2-59所示；或设计成动物状、人物状、自然景观状，如图2-60、图2-61所示；立体绿化也进入私人家庭，运用各类器具等不规则形体承载，造型多姿、随意，创意性强，色彩丰富，如图2-62、图2-63所示。立体绿化以花草或灌木组合的造型较多，在对立体绿化的描绘过程中，首先认真观察不同花草、灌木组合的基本形体和基本特征，然后进行取舍、概括，并赋予设计意识，提高视觉享受。

图 2-58

图 2-59

图 2-60

图 2-61

图 2-62

图 2-63

二、立体绿化造型渲染技法表现

立体绿化造型设计技法多种多样，通常在众多的立体绿化景观中选择为之“心动”的植物场景，突出主体，根据不同植物的具体质感特征来进行创意表现，并处理好与建筑等环境之间的关系，主体——立体绿化部分作具体表现，建筑等环境点到为止，不必深入描绘。色彩渲染时，先画大体色，用色概括、简练，作为主景的各种类花草、灌木等各自的固有色要明确，色彩要协调统一。

（一）线面速写

写生或临摹立体绿化造型时，根据形体、植物特征，要求用线准确，建筑等依托物要有力度，植物部分用线曲折，注意轻重变化，疏密组织，如图 2-64、图 2-65 所示。

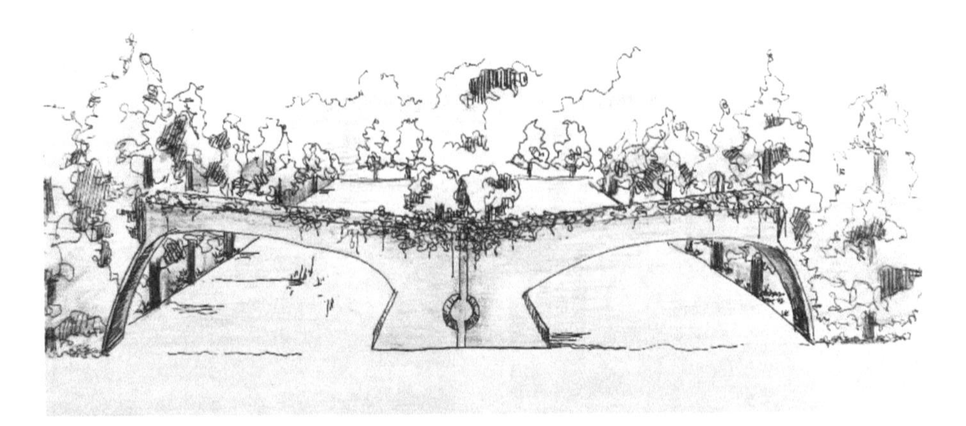

图 2-64 （学生作品）

图 2-65 （学生作品）

（二）明暗速写

由于是植物造景，塑造时必须先认识植物质地，如图 2-66 中的城墙草甸，草花组成的色带，用线简练概括为主，具体表现技法如图2-67所示，然后根据光影关系塑造形体，主次关系了然于心，如图2-68所示。

图 2-66

图2-67 技法表现

图 2-68

三、立体绿化组合造型写生步骤

① 选景：选择最佳角度进行定位布局，如图 2-69 所示。

② 构图：观察描绘对象，选择描绘的主要对象进行主次景构图，如图 2-69 所示。

图 2-69　主次关系

③ 画基本形：概括对象，作基本形体的基本构成，如图 2-70 所示。

图 2-70　前后虚实关系

④ 先整体后局部：先进行主体部分的写生塑造，依次作配景的塑造，如图 2-71 所示。

图 2-71

⑤ 局部到整体：主次景组合关系画完后，落实到对主要表现对象的描绘，处理好主次关系、明暗关系和虚实关系，体现景物的远近感和距离感。

⑥ 色彩渲染：先画天空，后画描绘对象固有色，如图 2-72 所示。

图 2-72

再画背光面环境色、光源色、投影，后点缀花草色彩，受光面少许留白，如图 2-73 所示。

图 2-73

课堂作业

1. 立体绿化写生：不同场所立体绿化的写生或临摹。
2. 练习视觉：观察描绘对象，表现主次关系、虚实关系。

课后练习

课余时间进行写生或临摹，分别对不同场景的立体绿化及它的组成部分进行写生或临摹。

山石、水体造型渲染

教学目标

知识目标

1. 掌握观察、理解分析山石、水体景观造型的方法。
2. 掌握山石、水体景观及环境的渲染方法。
3. 具备山石、水体景观及环境写生技法与造型设计表现的能力。
4. 具备山石、水体景观的重组、表现、创意能力。

能力（技能）目标

1. 学习并继承传统的描绘方式和意境处理。
2. 会选择观察山石、水体景观，能对山石、水体景观进行概括。
3. 能写实塑造山石、水体景观。
4. 能重组表现山石、水体景观。
5. 能对山石、水体景观进行创意设计。

素质目标

1. 具备山石、水体景观设计的基本素质。
2. 培养学生互相学习、互相提高的互学精神。
3. 提高学生的山石、水体景观设计审美能力，使其具备美化生活环境、提高生活质量、服务社会大众的基本思想。

任务1　山石与环境造型渲染

【任务分析】

中国园林无园不石，特别是古典园林，构石为山。山石景观在园林景观中有独特的美的表现，门前、庭院隅角、廊间、天井中间、水边、路口、园路及转折处随时可见，以不同的姿态，或单个成景，或置石造山成景，赋予植物配置或其他，形成意趣。

【工作场景】

校区、公园、景区、小区等。

【材料工具】

美工笔、普通水笔；彩色铅笔、马克笔，水彩颜料；普通打印纸、素描纸等。

【任务完成步骤】

1. 认真选景，观察描绘对象——山石与环境的组合。
2. 山石与环境影像记忆——基本特征。
3. 整体写生或临摹——用几何形体概括描绘对象。
4. 构图布局。
5. 注意线的组织应用，注意比例关系、主次关系、虚实关系。
6. 学生写生中教师全程辅导、个别点评或集中点评。

一、山石与环境造型（观察）分析

山石有自然形态和人工修饰形态，极具观赏性。按设计规律，山石一般是组合造型，由不同大小的自由形状组合。如普通的石块、鹅卵石、太湖石、灵璧石等，它们的形状有基本椭圆形和圆形，长条形，有不规则形。它们的组织变化各不相同，肌理光滑、粗糙程度差别大，远近的自然山石起伏变化，形态各异，如图3-1～图3-4所示。

图3-1　盆景观赏石设计组合形状

图 3-2　纹理效果

图 3-3　普通石

图 3-4　不同形体石

二、山石造型技法表现

首先，山石写生或临摹同样要注意主次关系、大小关系、虚实关系，疏密关系，如图 3-5 所示。

图　3-5

山石造型技法有很多种，学习时可以参考不同种类的技法，作画时集各家之长。如学习传统的中国画山石描绘手法，可参考《芥子园画谱》，山石因各种地貌的不同，形成山石的形状及石纹肌理的不同，画的时候要从整体的基本形体入手，在光影下“石分三面”，找出受光面与背光面的交界处，进行概括，背光的面根据规律性的纹理变化加以组织描绘，经过勾、皴等几个基本步骤，形成较深的体面，与受光面进行对比，山石的体积就会自然呈现。《芥子园画谱》中，总结了不少石和树的画法，根据项目工作任务的要求，可借助中国山水画进行临摹，从中学习前人对山石的表现方法，使自己更快地掌握山石的写生表现技法。

（一）线面速写

根据石块特征，用曲直不同且简练的线组织、构成不同的面，注意线的轻重变化，如图3-6所示。

图3-6　普通条石和卵石

学习传统画法，如《芥子园画谱》山石画法中有代表性的勾、皴技法。

勾：首先要胸有成竹，纸上勾出的山体、石头实际上是心中构思的反映。勾石的顺序是先左后右，小的石块可由两笔勾成，大的石块可由三笔或三笔以上勾成。勾石的线条不能太简单，需有曲折、粗细的变化，写生中用美工笔表现效果比较好，如图3-7所示。

图3-7　山体表现

皴：以一种基本的皴法，或批麻皴，或斧劈皴，皴出山石的立体结构，同时也皴出山石的纹理起伏变化。皴笔要简练，不宜过于密集，否则笔法就显示不出来，墨色也容易呆腻。图3-8、图3-9所示为《芥子园画谱》山石画法中的皴法例子。

图　3-8

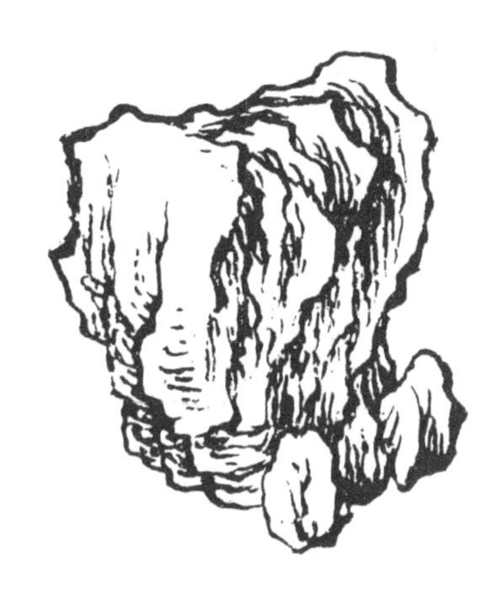

图　3-9

传统名人山石画法，如图3-10、图3-11所示。

图3-10　黄公望山水画

图3-11　范宽山水画

（二）明暗速写

根据山石表面的肌理特征，用明暗速写形式表达，线、面组织构成明暗关系、主次关系、前后关系，特别是质感的表现。

① 画肌理相对光滑的近处山石，用水笔或钢笔工具，首先画基本形，确定明暗转折面，背光面要多画，用线要长短不一，线之间忌相互平行，线成组后构成侧面或暗面，对比前后关系，如图3-12所示。

图 3-12　线组织构成暗面

② 画肌理粗糙的近处山石，主要作画工具用水笔或钢笔，根据山石的特征，肌理状况，光滑程度和粗糙程度作画。如果表面质感粗糙，借助光影关系，确定主光源，基本形用线轻重、虚实相间，受光面与背光面交界处是表现的关键，如图 3-13 所示。背光面多画，用线要短促，每组线的组成方向要不同，顺着纹理线、面结合，受光面基本上留白，画时不必面面俱到，可以根据自己的主观审美要求进行取舍表现。前后要进行黑白对比，前面主要部分要强调多画、多表现，后面或次要部分少画、少表现，确定位置就可以，如图 3-14 ~ 图 3-16 所示。

图 3-13　山石肌理明暗表现

图 3-14　山石与环境组合明暗表现

图　3-15

图 3-16　自然山石明暗表现

③ 色彩渲染，石块可以用马克笔画固有色，后画过渡色，受光面多留白，植物环境色彩概括、简练，突出主体，如图 3-17 所示。

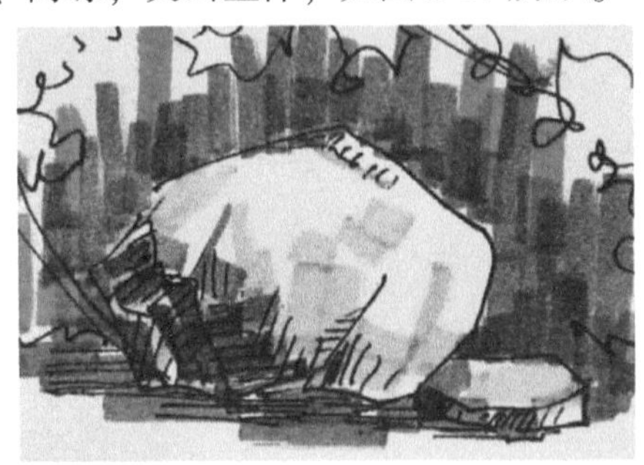

图　3-17

三、山石与环境写生步骤

① 选景构图，如图 3-18 所示。

② 基本形塑造，如图 3-19 所示。

图　3-18

图　3-19

写生时注意定位山石的每一个关键转折点，找一个转折点为参考点，然后左右、上下对比，来定位其他转折点，确定基本形状。

③ 侧面或暗面线的组织形成明暗对比，如图 3-20 所示。

④ 环境配置描绘，以山石为主体的画面，植物或其他则成为次景，基本是一笔带过，如图 3-20 所示。

⑤ 色彩渲染，由远而近，远景简画，强调山石主体，如图 3-21 所示。

图 3-20　明暗速写

图　3-21

课堂作业

1. 设计组合石块写生：从一块形状简洁的石头开始写生，然后是组合写生练习。

2. 自然山石与环境组合写生：开始是简单组合写生，然后再选择创意性写生。

3. 练习视觉观察描绘对象、概括描绘对象，表现主次关系、虚实关系，特别是质感的表现。

课后练习

1. 建议随时随地携带笔和速写本，利用课余时间进行写生或临摹不同的山石及环境。

2. 课余临摹《芥子园画谱》山石画法。

任务2　水体与环境造型渲染

【任务分析】

“竹外桃花三两枝，春江水暖鸭先知”，古人寄情于山水，诗情画意。当人们驻足观景时，细水、瀑布或流动的水景可使人心动，水体景观增加了动态景观的情趣，是重要的园林设计要素之一。无论是北方皇家园林还是江南的古典私家园林，大多都将水体作为必不可少的环境设计要素。颐和园广阔的昆明湖、扬州的瘦西湖、杭州的西湖以及苏州众多私家园林中的水景，宁波的月湖、天一阁，“园因水活”“天一生水”，从其的实用性和欣赏性，无不体现了有水则灵的感触。

水体常常是借助环境而成静水和动水。

【工作场景】

校区、公园、景区、小区等。

【材料工具】

绘画铅笔、普通水笔；彩色铅笔、马克笔；普通打印纸、素描纸等。

【任务完成步骤】

1. 认真选景，观察描绘对象——水体与环境的组合。
2. 水体与环境影像记忆——基本特征。
3. 整体写生或临摹——概括描绘对象。
4. 构图布局。
5. 注意线的组织应用，注意比例关系、主次关系、虚实关系。
6. 学生写生中教师全程辅导、个别点评或集中点评。

一、水体与环境造型（观察）分析

水体自身没有确定的形状，是因水的周围环境而成形，也因为环境改变形状，因此水体造型实际上是水的环境塑造，如图 3-22 所示。

图 3-22　公园水景

水的周围有山石、树林、建筑、桥梁等，借助这些元素使水有形，形体自然、曲直变化，随心所欲如水本意，如图 3-23 ~ 图 3-26 所示。

图 3-23　小溪

图 3-24　运河

图 3-25　湖水

图 3-26　瀑布

二、水体的造型技法表现

水有静水和动水。静水基本采用水平直线，动水基本采用波浪线、抛物线，如图 3-27 所示。

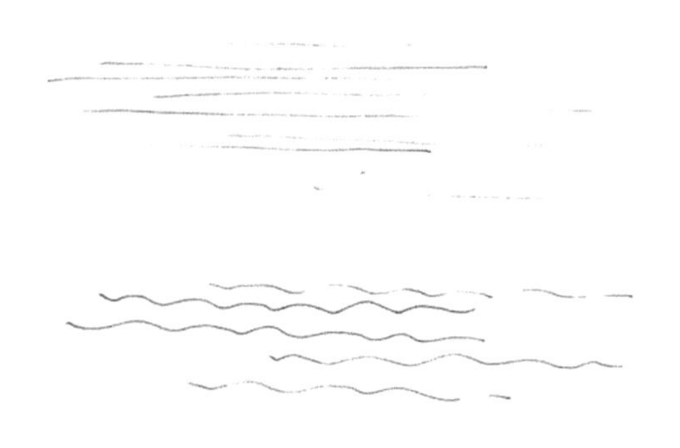

图 3-27　水的基本表现

水体线面明暗速写的表现手法如下。

静水：静态的水面平如镜，能扩大园林空间。采用水平直线进行组织描绘，以疏密、轻重、虚实、长短不一的形式进行表现。如此的技法表现可以给人以清风掠过水面、宁静致远之感。如果有表现波澜不惊的各类湖泊，加以自然环境、山石、树林、建筑、桥梁等，则彼此辉映，相得益彰，心旷神怡，如图 3-28 所示。

图 3-28　水平直线——平静湖水（学生作品）

动水：动态的水，往往给人以活泼、奔放、洒脱的感觉，采用随意又弹性的曲线进行组织描绘，以疏密、长短不一、轻松的手法进行表现。如山涧小溪，溪石相间，婉转流动，时快时慢，有轻松、愉快、柔和的节奏之感，如图 3-29 所示。如水从两山或狭窄之空间穿过形成的涧流，由于水受约束，水流湍急，形成波涛汹涌、浪花翻滚的景观，用曲直线要有力量、冲击豪放之感。如水流从高山悬崖处急速直下，形成瀑布，用线不能犹豫，弹性的曲线起笔先重后快，呈一泻千里之感，如图 3-30、图 3-31 所示。

图 3-29　溪流水体表现

图3-30　落水表现

图3-31　瀑布

三、水体与环境写生步骤

① 选景构图，如图 3-32 所示。

图 3-32

② 基本形塑造，如图 3-33 所示。

图 3-33

③ 侧面或暗面线的组织，如图 3-34 所示。

④ 环境配置描绘。

⑤ 色彩渲染，由远而近，如图 3-35 所示。

图3-34　雨天水体

图　3-35

课堂作业

1. 静水与环境写生表现。
2. 动水与环境组合写生表现。
3. 表现水体与环境的主次关系、虚实关系，特别是质感的表现。

课后练习

建议随时随地携带笔和速写本，利用课余时间进行写生或临摹不同的水体及环境。

任务3 山石与水体组合造型渲染

【任务分析】

“山得水而活，得草木而华”，山石、水体在园林设计中的应用由来已久，山石、水体不分离，一小块的山石或一小池水，如果把它从周围的环境中孤立出来，就成了一块或一组冰冷而没有生气的物体，如果将它置于生活环境和自然环境中，哪怕是小小的一块山石或一小池水，它将会是一个神形兼备的主角，看山似山，看水似水，山石的阳刚和水体的优雅、激情，配置花木，四季有景，使之成为一幅美丽的山水画。

【工作场景】

公园、景区、小区等。

【材料工具】

绘画铅笔、普通水笔、彩色铅笔、马克笔，普通打印纸、素描纸等。

【任务完成步骤】

1. 认真选景，观察描绘对象——山石与水体及环境的组合。
2. 山石与水体及环境影像记忆——基本特征。
3. 整体写生或临摹——用几何形体概括描绘对象。
4. 构图布局。
5. 注意线的组织应用，注意比例关系、主次关系、虚实关系。
6. 学生写生中教师全程辅导、个别点评或集中点评。

一、山石与水体及环境造型（观察）分析

山石与水体及环境组合创意性强，自成一体。山石与水体与环境的组合造型形成一个刚柔相济的景观。水要服从山石等环境，山石、水体及环境的组合构成了独特景观，形体高低错落，变化有致，意趣无限。曲直、大小各种形体组合是山石与水体写生基本创意的必要条件，如图3-36 ~ 图3-39 所示。

图3-36 椭圆状山石

图3-37 自然山水

图3-38　块状山石

图3-39　叠台山水

二、山石与水体造型技法表现

（一）线面速写

简单的线描画山水场景草图，如图3-40所示。

图　3-40

线面组织描绘，主景表现突出，植物等次景弱化，如图 3-41 所示。

图 3-41　山石水体与人文景观

（二）明暗速写

在光的作用下，区别明暗两面，根据山石的质感组织用线画出明暗两面，如图 3-42 所示。

图 3-42　石与水（学生作品）

三、山石、水体与环境写生步骤

① 选景构图，如图3-43所示。

图　3-43

② 基本形塑造，先画植物，其次画石块，后画水体、倒影，侧面或暗面由不同线组织构成，如图3-44所示。

图　3-44

③ 如果画面审美需要，在不影响主体的情况下，可以进行其他环境配置描绘，但作为点缀，无须深入表现，如图 3-45 所示。

图 3-45

④ 色彩渲染，石块着色先受光面，后暗面；植物、水体先画固有色，后画背光面颜色，其他点缀简画，如图 3-46 所示。

图 3-46

课堂作业

1. 山石与水体及环境写生表现。
2. 表现山石与水体及环境的主次关系、虚实关系，特别是质感的表现。
3. 尝试山石与水体及环境的基本创意表现。

课后练习

利用课余时间对不同场景的山石、水体及环境进行写生或临摹。

道路、桥梁与环境造型渲染

教学目标

知识目标

1. 掌握道路、桥梁造型的基本透视方法。
2. 掌握道路、桥梁造型纹样设计方式和要求。
3. 具备道路、桥梁与环境造型写生技能。
4. 具备道路、桥梁与环境造型渲染的基本设计表现能力。

能力（技能）目标

1. 会道路、桥梁造型的基本透视方法。
2. 会道路、桥梁造型基本纹样设计。
3. 会道路、桥梁与环境造型渲染写生技法。
4. 会道路、桥梁与环境造型表现渲染。
5. 能对道路、桥梁与环境造型进行基本创意设计。

素质目标

1. 具备道路、桥梁与环境外观造型设计的基本素质。
2. 培养学生互相学习、互相提高的互学精神。
3. 提高学生的道路、桥梁与环境设计审美能力，使其具备美化生活环境、提高生活质量、服务社会大众的基本思想。

任务1　步行、车行道路与环境造型渲染

【任务分析】

步行、车行道路首先是功能需要，环境可保护，景观可观赏。集个性化、人性化、趣味、艺术性为一体。

步行、车行道路的设计是根据道路及周边环境的特点，根据道路空间的变化，采用植物、山石、雕塑、装饰建筑等进行设计造景，或对城乡建筑及自然环境来借景丰富空间景观，构成了其特有的景观形象。通过人工对道路绿化带进行精心修剪，对混栽的色块苗木修剪成造型简洁，层次、色彩分明、错落有致的不同形状，景观具有鲜明个性。

【工作场景】

乡镇、城市步行、车行道路。

【材料工具】

绘画铅笔、普通水笔；彩色铅笔、马克笔；普通打印纸、素描纸等。

【任务完成步骤】

1. 认真选景，观察描绘对象——步行、车行道路的组合。
2. 步行、车行道路与环境影像记忆——基本特点。
3. 整体写生或临摹——用几何形体概括描绘对象。
4. 构图布局。
5. 注意线的组织应用，注意比例关系、主次关系、虚实关系。
6. 学生写生中教师全程辅导、个别点评或集中点评。

一、步行、车行道路与环境造型（观察）分析

步行、车行道路造型简捷，是借助植物景观及建筑等环境成形的。步行道高出车行道为长方体状，树池、花池为长方体状或其他形状，行道树等其他植物基本随性成自然形或根据需要较少修剪成观赏形，形体变化多样；车行道平铺呈直线状，偶尔蜿蜒；步行道路和车行道路的绿化带造型形式比较多样，中间隔离带呈二方连续图案，苗木色块绿化带形体高低有节奏，色彩明快，基本是多种几何体形状组成。常见的以人工修剪的几何形体造型为主，有长方体、柱体、球体、多面体单独构成或组合构成，也有不规则的、流线形体的组合构成，如图 4-1 所示。绿化带中的景观小品装饰性强，形态活泼，造型多样。

图　4-1

二、步行、车行道路与环境造型技法表现

步行道、车行道与环境造型中要注意透视关系的处理。特别是绿化带，写生或临摹时重点要处理透视关系和绿化带的图案造型，因此首先掌握基本透视方法，同时学习图案纹样，再完成步行道、车行道与环境的基本造型，包括桥梁等。

(一) 透视造型

步行道、车行道的一点透视和两点透视，如图4-2、图4-3所示。

图4-2　一点透视

图4-3　两点透视

1. 简易的一点透视描绘方法

根据一点透视基本原理，近大远小的原则，选择一段道路，先画两条有间距的互相平行的水平线，按比例分配人行道、车行道与绿化带的宽度，画时目测透视线与水平线之间的角度，如图4-4、图4-5所示。

图4-4　目测角度

图 4-5

2. 简易的两点透视描绘方法

遵守两点透视基本原理，目测选择两点成一透视线，并与画面边框成角度来检测透视线倾斜度的准确性，如图4-6、图4-7所示。

图4-6 目测角度

图 4-7

（二）图案纹样

步行道、车行道铺装及绿化带造型图案常用二方连续纹样和四方连续纹样。

在道路绿化、人行道铺装、桥梁栏杆等设计描绘中会出现装饰性图案纹样，主要是连续纹样：二方连续纹样和四方连续纹样，单独纹样和适合纹样。

① 二方连续纹样：由一个或几个单位纹样组成，在两条平行线之间的带状形平面上，作有规律的连续重复排列，主要是向上下、左右两个方向无限连续循环所构成的带状形，或连续重复构成环状、多边形状的纹样，称为二方连续纹样。其特点是组织结构有节奏感、韵律感；图案美观、整洁大方，色彩鲜明。其适用于园林道路绿化、铺装，景墙、护围等设计形式，如图 4-8、图 4-9 所示。

图 4-8　二方连续纹样

图 4-9　道路花境——二方连续纹样

② 四方连续纹样：由一个纹样或几个纹样组成一个单位纹样，向上下、左右四周重复地连续和扩展而成的图案形式。其特点是：组织结构有整体协调性，有规律节奏，图案装饰性强，色彩概括明确，如图 4-10 所示。其适用于园林道路、广场铺装、花窗等设计形式，如图 4-11 和图 4-12 所示。

图 4-10　四方连续纹样

图 4-11　道路铺装

图 4-12　花窗

园林景观道路设计中常常会同时用到二方连续纹样和四方连续纹样，如图 4-13、图 4-14 所示。

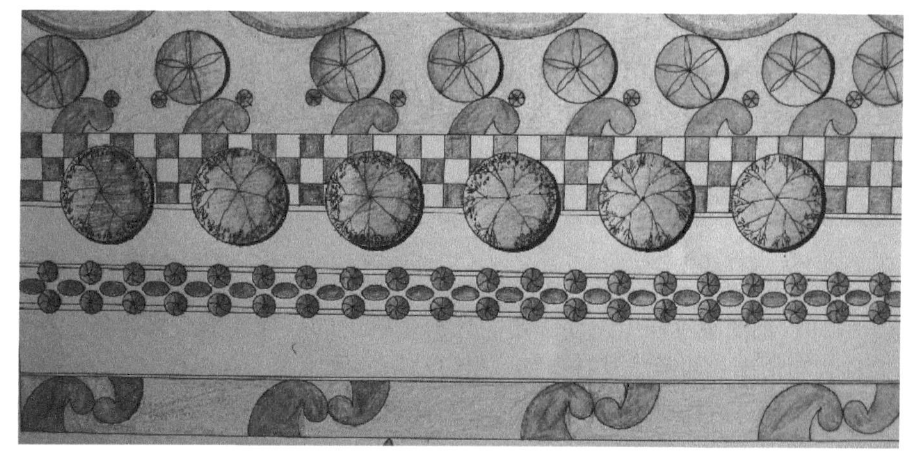

图 4-13　景观道路连续纹样设计

图 4-14　车行道绿化带——二方连续纹样

③ 单独纹样：独立存在和使用的纹样称为单独纹样，不受外轮廓和骨架限制。单独纹样有对称式和均衡式两种，对称式有相对对称式和绝对对称式两种。其特点是：图案自由独立，内容多样，结构丰满严谨。单独纹样适用于道路景墙、园林铺装、围墙花窗等设计，如图 4-15、图 4-16 所示。

图 4-15　单独纹样

图 4-16　景墙上的单独纹样

④ 适合纹样：把图案纹样组织在一定的外形轮廓中的一种装饰效果纹样，轮廓内的单位纹样有对称式和均衡式两种。其特点是：组织结构整体协调，有规律，图案装饰性强，以适合纹样为一个单位可以构成连续纹样。适合纹样适用于环境景观设计中的道路景墙、广场铺装，花窗等，如图 4-17、图 4-18 所示。

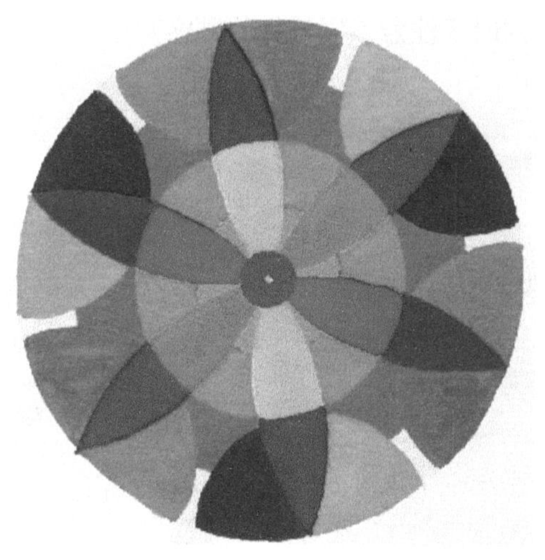

图4-17　适合纹样

图4-18　花窗——适合纹样

步行、车行道路与环境造型渲染与其他描绘内容相同。线面速写形式以线带面表现不同侧面，如图4-19所示；明暗速写形式表现光影下的明暗塑造，表达道路景观的层次感，突出主体。具体的植物类造型技法表现参考项目2：植物景观造型渲染。色彩渲染用马克笔色彩表现为好，色彩明快，路面用直线组织，植物用曲线组织，色彩从受光面画到背光面，先确定固有色，后确定光源色和环境色，再画投影色彩。

（三）线面速写

步行道路的造型突出表现需要环境的描绘，植物总体上根据特征要多表现，栏杆、台阶或其他很少受光的侧面则组织线多画，路面少画，基本留白，如图4-19所示。

图　4-19

（四）明暗速写

在描绘光线作用下植物的受光面和背光面时，植物的背光面要组织线多画，如果是球形树木，则注意把握好背光面逐渐过渡到受光面，同时要注意不同植物的质感变化和表现。

三、步行、车行道路与环境造型渲染步骤

① 观察分析，概括基本形体。

② 先画透视线。

③ 构图经营画面，描绘基本形体，如图 4-20 所示。

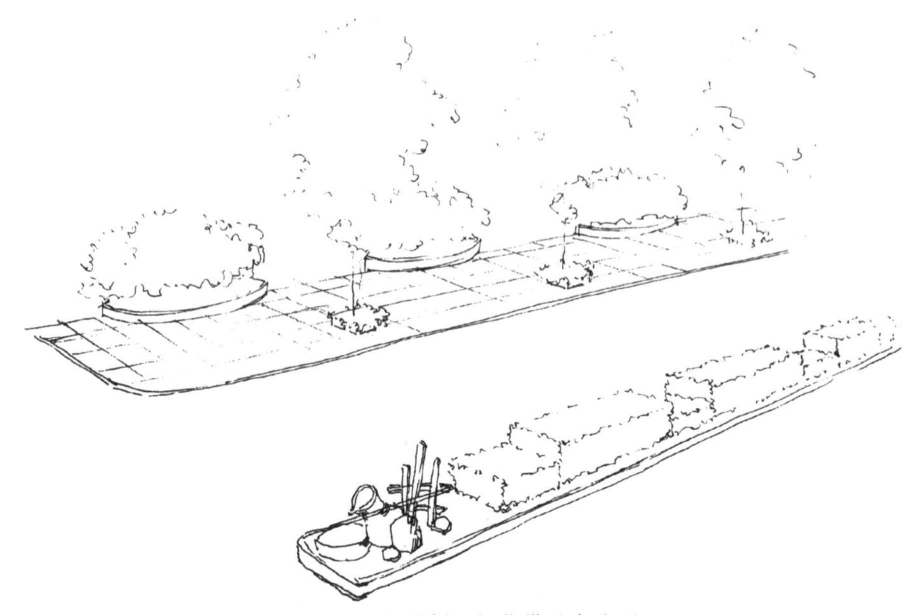

图 4-20　行道树、绿化带基本造型

④ 明暗塑造，根据光源的作用，利用植物的质感特征进行体感塑造，如图 4-21 所示。

图 4-21　主体明暗塑造

⑤ 对环境的塑造。行道树、绿化带、小品等是画面主景，建筑物等是配景，因此要注意主次变化，虚实关系，整体调整。关注画面整体效果，主次是否协调，并进行主体细部刻画，如图4-22所示。

图4-22　环境塑造

⑥ 色彩渲染，铺大体色，用灰色先画路面（沥青路面），便于统一画面；突出主景，绿篱和行道树先画亮面——固有色为主，然后画背光面固有色加环境色，少许留白，再画投影和环境，如图4-23所示。

图4-23　色彩渲染（马克笔）

课堂作业

1. 步行、车行道路与环境写生练习。
2. 在步行、车行道路与环境写生基础上进行创意性写生。

课后练习

课余临摹步行、车行道路与环境的优秀作品。

任务2　园路与环境造型渲染

【任务分析】

园路是园林风景设计的组成部分，园路起着组织交通联系、引导观光游览、提供散步休闲场所的作用。可以把各类旅游景区、休闲景区、公园景区、私家园林等的不同景点串联成一体。随景造路，园路路面大多由精美的单独纹样和连续纹样图案构成，用材普通、常见。其特点是结合地形、地貌进行景物设计，依山随势，寓意自然丰富，景色独树一帜，给人以美的享受。

园路景观设计具有多样性，造型灵活随意境，多数为人工修饰。

【工作场景】

私家园林、庭院、旅游景区、休闲景区、公园景区等。

【材料工具】

绘画铅笔、炭笔、普通水笔；彩色铅笔、马克笔；普通打印纸、素描纸、绘图纸等。

【任务完成步骤】

1. 认真选景，观察描绘对象——不同园路与环境的组合。
2. 不同园路与环境影像记忆——基本特点。
3. 整体写生或临摹——用几何形体概括描绘对象。
4. 构图布局。
5. 注意线的组织应用，注意比例关系、主次关系、虚实关系。
6. 学生写生中教师全程辅导、个别点评或集中点评。

一、园路与环境造型（观察）分析

园路造型，依托环境借景造路，路面基本造型有相当一部分是连续纹样造型，或拾阶而上。园路或平或起伏，随景而造，材质为长条形石材，也有不规则碎石，有鹅卵石、贝壳、瓷片等；图案基本是二方连续纹样或四方连续纹样，有几何形构成，也有动植物图案、人物图案、故事性图案等构成造型，如图4-24所示；借助环境的变化，蜿蜒流线状居多，如图4-25所示；与其配景的主要是山石、水体、植物、建筑等，如图4-26、图4-27所示。

图4-24　连续纹样造型装饰园路

图4-25　流线铺装园路

图4-26　借景造路

图4-27　倚山造路

二、园路与环境造型技法表现

园路路面和环境塑造根据其不同材质特征，采用不同的技法表现，刚柔结合，体现质感。如路面石块与植物、建筑的质感区别表现，并且前后造型用线要有轻重变化、虚实相间，并注意透视关系。环境作为配景画时要符合画面审美要求，点到为止，不作详细描绘，色彩简练为主，避免过度渲染环境，影响主次关系，如图4-28所示。

图 4-28

（一）线面速写

如图4-29、图4-30所示，植物环境塑造表现决定园路，造型技法基本是用曲线表现不同侧面，强调立体关系，突出园路。

图4-29 景区园路

图4-30 水粉色彩渲染（学生作品）

（二）明暗速写

路面与植物环境表面质感不突出，则根据光影关系，进行明暗表现。具体表现对象如果面积不大，用素描关系确定背光面和受光面及投影即可，可以用绘画铅笔塑造，比较厚重，如图4-31所示；用黑色水笔塑造则可以继续色彩渲染，如图4-32、图4-33所示。

图 4-31

图 4-32　　　　图 4-33

三、园路作画步骤

① 取景：实地选择园路及环境，对景进行最佳角度的选择，主次鲜明，展现园路最有变化、生动的一面，如图 4-34 所示。

② 构图：把握、经营园路的位置，确定所要描绘的主要路段，选择角度把握透视关系，理解、概括形体特征，并对其进行有目的的取舍，使画面效果更加符合主题表达要求，如图 4-35所示。

图 4-34

图 4-35

③ 基本形体塑造：整体到局部。如果近景是描绘的主要对象，先对其进行基本形体的描绘塑造，其他的环境不进行主要描绘，如图 4-36 所示。

④ 深入刻画：局部到整体。在基本形体的基础上，对主要对象进行重点刻画、强调。如用曲线、直线对园路及环境进行不同质感的表现，然后突出它的特征，对它进行艺术创意的渲染，舍弃认为不尽人意的部分，包括对环境的取舍，达到渲染画面的效果，如图 4-37 所示。

图　4-36　　　　图　4-37

⑤ 色彩渲染：先铺大体色，由远而近，强调主体，点缀环境，如图 4-38 所示。

图　4-38

⑥ 画面调整：点评、补充调整。先整体后局部，再局部到整体，主要是画面的主次关系，虚实关系。

课堂作业

1. 园路与环境写生练习。
2. 在园路与环境写生基础上进行创意性写生。

课后练习

课余临摹园路与环境造型技法表现优秀作品。

任务3 水岸、桥与环境造型渲染

【任务分析】

园林工程中不乏水岸、桥的景观设计，水岸相连，遇水过桥。桥的造型丰富多彩，材质多样，起分隔水面的功能作用，随桥而立，观四面景观，赏心悦目，设计师常常精心构思水岸、桥的自身美感和与环境的协调性。庭院之桥因园林审美的需要而设立，是对绿化景观的补充和渲染，起着锦上添花的作用，把园桥与前后景观共同组成完整的一幅画面，成为园林中最引人注目的园景之一。

水岸、园桥在园林设计中集功能、装饰于一体。

【工作场景】

私家园林、庭院，旅游、休闲景区，公园、酒店等。

【材料工具】

绘画铅笔、炭笔、普通水笔；彩色铅笔、马克笔；普通打印纸、素描纸、绘图纸等。

【任务完成步骤】

1. 认真选景，观察描绘对象——不同水岸、桥与环境的组合。
2. 不同水岸、桥与环境影像记忆——基本特点。
3. 整体写生或临摹——用几何形体概括描绘对象。
4. 构图布局。
5. 注意线的组织应用，注意透视、比例关系、主次关系、虚实关系。
6. 学生写生中教师全程辅导、个别点评或集中点评。

一、水岸、桥与环境造型（观察）分析

水岸常见的是流线形，同自然景观、山石景观、植物景观和建筑景观等共存，功能明确，造型丰富，形体区域疏密对比明显，色块明度对比较强，在植物造型渲染技法中有表现，如图4-39、图4-40所示。

图4-39 公园水岸

图4-40 小区水岸

在园林规划设计中，桥基本是以小型园桥居多，造型别致，有平直桥、曲桥、拱形桥、景观桥等。从整体（桥身）到局部（护栏）基本呈几何形体造型，构架明确，有规律，在完成基本形塑造后稍加修饰即可，如图4-41～图4-44所示。

图4-41 一字桥

图4-42 石拱桥

图4-43 景区景观桥

图4-44 城市景观桥

二、水岸、桥与环境造型技法表现

关于水体、山石，前面项目3山石、水体与环境造型渲染有说明，但在此项目任务中山石、水体不是主要表现对象，岸才是表现的主体，所以先要明确描绘对象的水岸是由什么构成，然后根据前面所学的植物等其他技法表现描绘，取舍塑造对象。

桥的表现，要在掌握基本透视的基础上进行，概括对象，先画基本形体，写生时用线曲直张弛有度，描绘不同侧面。

园桥简易一点透视画法：先画桥面水平线或护栏垂直线，目测桥面水平线或护栏垂直线与透视线的角度，确定透视线倾斜角度，如图4-45、图4-46所示。

图 4-45

图 4-46

园桥简易两点透视画法：目测透视线与画面边框的角度，确定透视线倾角度，如图4-47、图4-48所示。

图 4-47

图 4-48

（一）线面速写

水岸的形体表现，主要取决于水岸的基本组成，如果组成部分主要是植物，那么就按植物的表现技法去写生，处理好水和岸之间的关系，如图 4-49 所示。

图 4-49　水岸

园桥的表现则根据桥本身的材质塑造，用不同线的组成，表达木质桥或石材桥等，如图 4-50所示，图中园桥是主体，植物等不作详细描绘。

图 4-50　景区园桥

（二）明暗速写

如图 4-51 所示，园桥的明暗表现，是根据光影进行，在确定形体透视基本准确的情况下，用素描关系确定背光面和受光面，以及投影或倒影，组织线表达桥的质感和其他环境的质感，如图 4-52 所示。

图 4-51

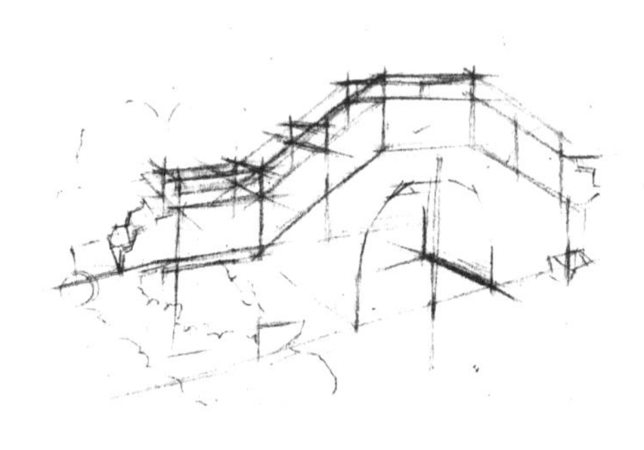

图 4-52

园桥基本明暗确定后，园桥作为主体着重表现，并处理好远近关系，近处桥体具体描绘，明暗对比要强且明确，远处桥体对比要弱且虚。植物、建筑等不作具体表现，烘托园桥，渲染气氛，如图 4-53 所示。

图 4-53

三、水岸、桥与环境作画步骤

① 取景：根据要求实地选择不同的水岸或桥及环境，对景进行最佳角度的选择，主次鲜明，展现水岸或桥最形象、最心动的一面。

② 构图：把握、经营景物的位置，确定所要描绘的主要对象，并对其进行取舍，使画面效果符合主题表达要求，如图 4-54 所示。

③ 基本形体塑造：整体到局部。如果中景是描绘的主要对象，先塑造其基本形体，其

他的如近景或远景就作为次景不进行主要描绘，画面构成作适当的调整，增强画面的美感，如图 4-54 所示。

图　4-54

④ 深入刻画：局部到整体。在基本形体的基础上，对主要对象进行重点刻画，比如用线对景物进行不同质感的表现，然后突出它的特征，对它进行艺术创意，包括对环境的取舍，达到渲染画面的效果。

⑤ 色彩渲染：根据光对物体的作用，眼睛的观察和理解，先铺大体色，由远而近，强调主体，点缀环境，如图 4-55 所示。

图　4-55

⑥ 画面调整：互相交流，互相点评，补充调整，先整体后局部，再局部到整体，如此反复，处理好画面的主次关系和虚实关系。

课堂作业

1. 水岸、桥与环境写生练习。
2. 在水岸、桥与环境写生基础上进行创意性写生。

课后练习

利用课余时间临摹水岸、桥与环境造型渲染的优秀作品。

建筑、小品与环境造型渲染

教学目标

知识目标

1. 掌握建筑、小品造型渲染的基本透视方法。
2. 掌握建筑、小品造型渲染基本要求。
3. 具备建筑、小品与环境造型渲染写生技能。
4. 具备建筑、小品与环境造型渲染的基本表现能力。

能力（技能）目标

1. 会建筑、小品造型的基本透视方法。
2. 会建筑、小品造型渲染写生技法。
3. 会建筑、小品与环境造型渲染表现。
4. 能对建筑、小品与环境造型进行基本创意写生。

素质目标

1. 具备建筑、小品外观形体塑造的基本素质。
2. 培养学生互相学习、互相提高的互学精神。
3. 提高学生对建筑、小品造型渲染与环境设计审美能力，具备美化生活环境、提高生活质量、服务社会大众的基本思想。

任务1 民居与环境造型渲染

【任务分析】

中国地域广阔，由于各地区的自然环境和人文情况不同，各地的居住建筑各具特色。南方以以天井为中心的坡屋顶民居建筑为主，如永定的客家土楼，而江南水乡的民居建筑中这个特点更加突出；北方黄河中上游地区窑洞式住宅较多，蒙古族的蒙古包，北京的四合院，山西的平遥古城独具特色；西北部新疆维吾尔族住宅多为平顶，土墙建筑，西藏富有宗教意义装饰的石雕房建筑；西南各少数民族是依山面水的木结构干栏式楼房，其中云南傣族的竹楼，苗族、土家族的吊脚楼，始建于南宋的丽江古城最具特色。

【工作场景】

小区民房、别墅、仿古建筑等。

【材料工具】

绘画铅笔、炭笔、普通水笔；彩色铅笔、马克笔；普通打印纸、素描纸、绘图纸等。

【任务完成步骤】

1. 认真选景，观察描绘对象——不同民居与环境的组合。
2. 不同民居与环境影像记忆——基本特点。
3. 整体写生或临摹——用几何形体概括描绘对象。
4. 构图布局。
5. 注意线的组织应用，注意比例关系、主次关系、虚实关系。
6. 学生写生中教师全程辅导、个别点评或集中点评。

一、民居与环境造型（观察）分析

民居的基本造型以几何形体为基础。看似复杂的建筑，认真观察总结，可以概括成长方体、圆柱体等，顶部分为人字架三角体（图 5-1），或四面形椎体。一幢民居建筑物或一群民居建筑物往往有多个类似于长方体或其他几何形体的建筑物组成，大小比例各不相同，加上不同形状、不同体积、不同质感的门窗、砖墙、瓦片及部分装饰物，形成集实用性、装饰艺术性为一体的居民小区或别墅区等，如图 5-2 ~ 图 5-5 所示。

图 5-1 江南民居

图5-2　国外民居

图5-3　蒙古包

图5-4　别墅

图5-5　民居几何形体概括造型

二、民居与环境造型技法表现

根据基本特征，用单线塑造民居及环境的基本形体，用几何形体概括，掌握基本透视知识，线面速写或明暗速写形式表达。现代民居造型用线要有力度，仿古建筑塑造用线可以厚拙一些，砖木色彩古朴厚重，砖墙及廊柱技法如图 5-6 ~ 图 5-8 所示。

图 5-6

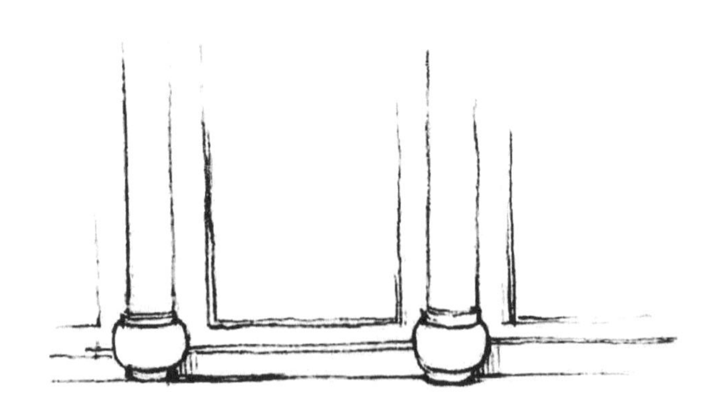

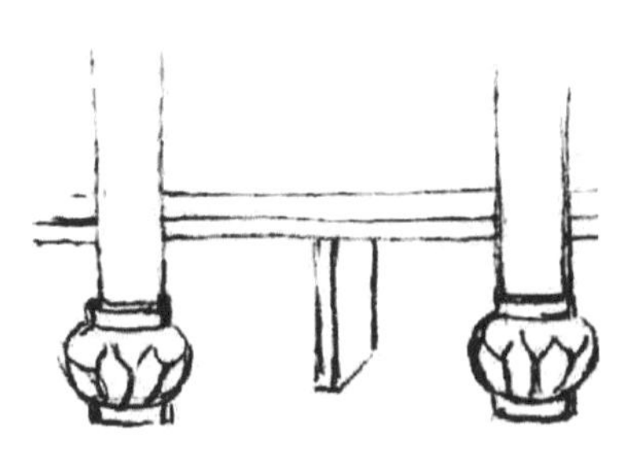

图 5-7

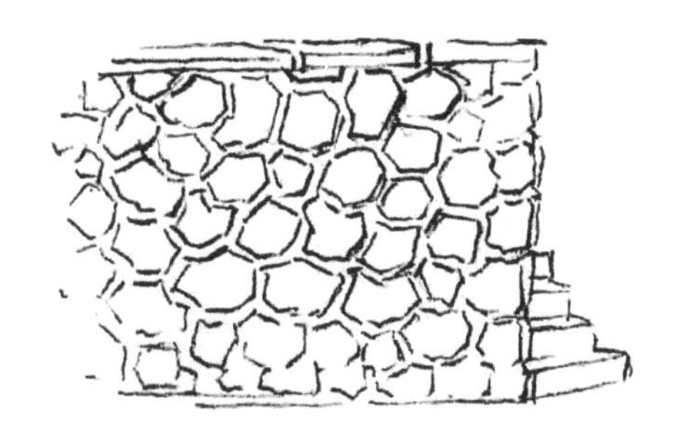

图 5-8

区别建筑及植物的明暗交界面，作为民居建筑物，自然光下受光面、背光面明暗交界基本清楚，受光面少画，背光面类同画树，根据建筑外观材质的肌理，用线组织构成暗面，如图5-9所示。

图 5-9

屋顶瓦的表现如果是重要描绘部分，则根据具体形状组织描绘，光线强时不用画完，接近屋脊处自然留白表示自然光强，表达时不要太生硬，如图5-10、图5-11所示。色彩渲染时也一样，固有色为主，稍加光源色，丰富色彩。

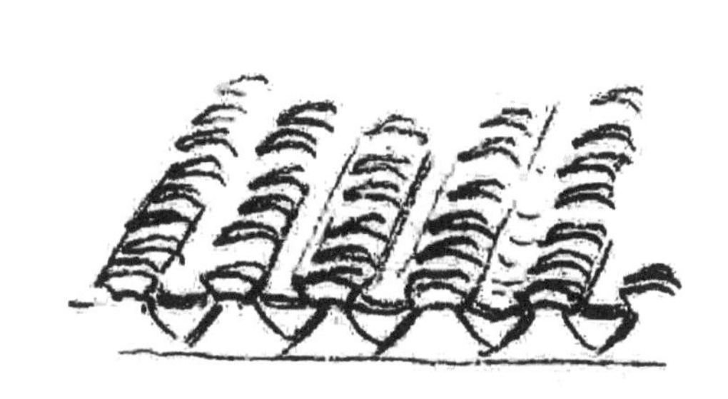
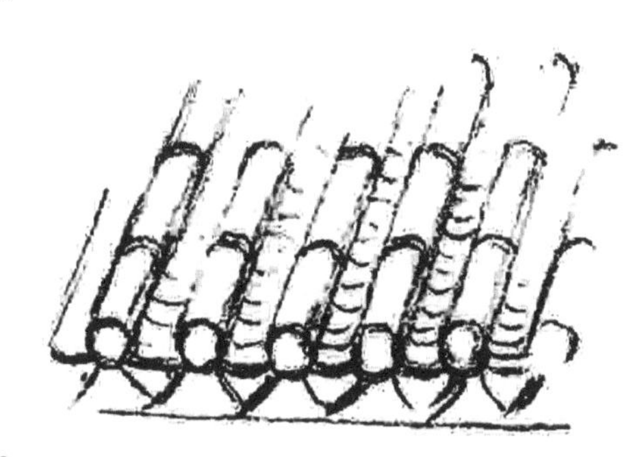

图 5-10

图 5-11

民居建筑物如果是主体，环境则是配景，如植物，画时稍加笔墨，注意不能喧宾夺主，远景植物或远山位置合适但少画，如有不合画面美感的则舍去，如图 5-12 所示。

图 5-12

（一）线面速写

近在眼前的民居写生，用线面速写表达效果比较好，特别是对民居及环境各种材质的表达，比较清晰，如图5-13、图5-14所示。

图 5-13

图 5-14

（二）明暗速写

远景的大场景民居与植物等环境表面质感不明显，强调整体概括，在天光下进行明暗表现，用素描关系确定背光面和受光面及投影，可以用绘画铅笔塑造，写生中特别要强调主次关系，注重前后虚实关系，如图 5-15 所示。用黑色水笔塑造，可以继续色彩渲染，如图 5-16 所示。

图 5-15

图 5-16

三、民居与环境作画步骤

① 取景：实地选择民居及环境，对景进行最佳角度的选择，主次鲜明，如图5-17所示。

图 5-17

② 构图：经营民居位置，确定所要描绘的主要民居建筑，选择角度把握透视关系，理解、概括形体特征，并对其进行有目的的取舍，使画面主次明确，如图5-18所示。

图 5-18

③ 基本形体塑造：整体到局部。民居是描绘的主要对象，先对其基本形体描绘塑造，注意疏密对比，其他环境不进行主要描绘，如图 5-19 所示。

图 5-19

④ 深入刻画：局部到整体。在基本形体的基础上，对主要民居进行重点刻画、强调，比如曲线、直线对民居及环境进行不同质感的技法表现，然后突出主体，描绘特征，并对它进行艺术创意渲染，如图 5-20 所示。

图 5-20

⑤ 色彩渲染：先铺大体色，由远而近，强调主体，点缀环境，如图5-21所示。

图　5-21

⑥ 画面调整：写生或临摹过程中互相交流，进行点评、补充调整。

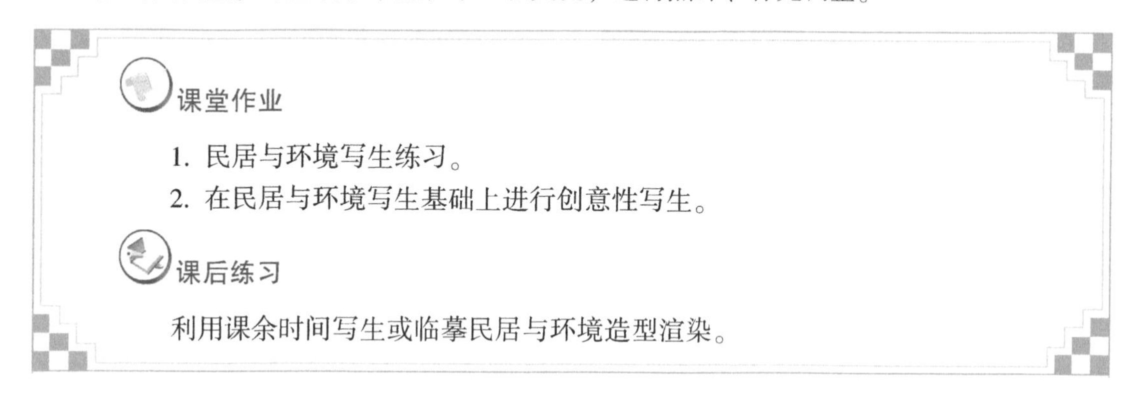

课堂作业

1. 民居与环境写生练习。
2. 在民居与环境写生基础上进行创意性写生。

课后练习

利用课余时间写生或临摹民居与环境造型渲染。

任务2　公共建筑与环境造型渲染

【任务分析】

公共建筑环境设计是园林工程规划设计的服务对象之一。在公共建筑的环境景观设计中，设计的环境景观与建筑本身相协调，设计人员必须掌握公共建筑的表现技法，以配合、完成景观设计。公共建筑包括教育、医疗卫生、商业、服务业、文娱体育、金融邮电、行政管理等市政公用系统。具体包括办公建筑：如写字楼、政府部门办公楼等；商业建筑：如商场、银行建筑等；旅游建筑：如酒店、娱乐场所等；科教文卫建筑：文化、教育、体育、广播用房；以及交通运输用房：如机场、车站建筑等。其是满足居民基本的物质和精神生活方面需要的社会生活设施。

【工作场景】

文教建筑、酒店、商业街区等。

【材料工具】

绘画铅笔、炭笔、普通水笔；彩色铅笔、马克笔；普通打印纸、素描纸、绘图纸等。

【任务完成步骤】

1. 认真选景，观察描绘对象——不同公共建筑与环境的组合。
2. 不同公共建筑与环境影像记忆——基本特点。
3. 整体写生或临摹——用几何形体概括描绘对象。
4. 构图布局。
5. 注意线的组织应用，注意比例关系、主次关系、虚实关系。
6. 学生写生中教师全程辅导、个别点评或集中点评。

一、公共建筑与环境造型（观察）分析

公共建筑同民居建筑的造型基本相似，通过观察总结，可以发现还是以常见的长方体（图5-22、图5-23）、柱体（图5-24、图5-25）、锥体等几何形体构成居多。对描绘对象的形体进行概括后，便可开始对基本形进行塑造，再加以门窗、瓦、墙体形体塑造及具体的装饰和质感表现，如图5-26、图5-27所示。

图5-22　校区

图5-23　展区

图5-24　纪念馆

图5-25　药品店

图5-26　收藏馆

图5-27　国家馆

二、公共建筑与环境造型技法表现

公共建筑与环境造型技法参考民居与环境造型技法。

(一) 线面速写

以线组织表现具体的质感，如图5-28～图5-30所示。

图　5-28

图　5-29

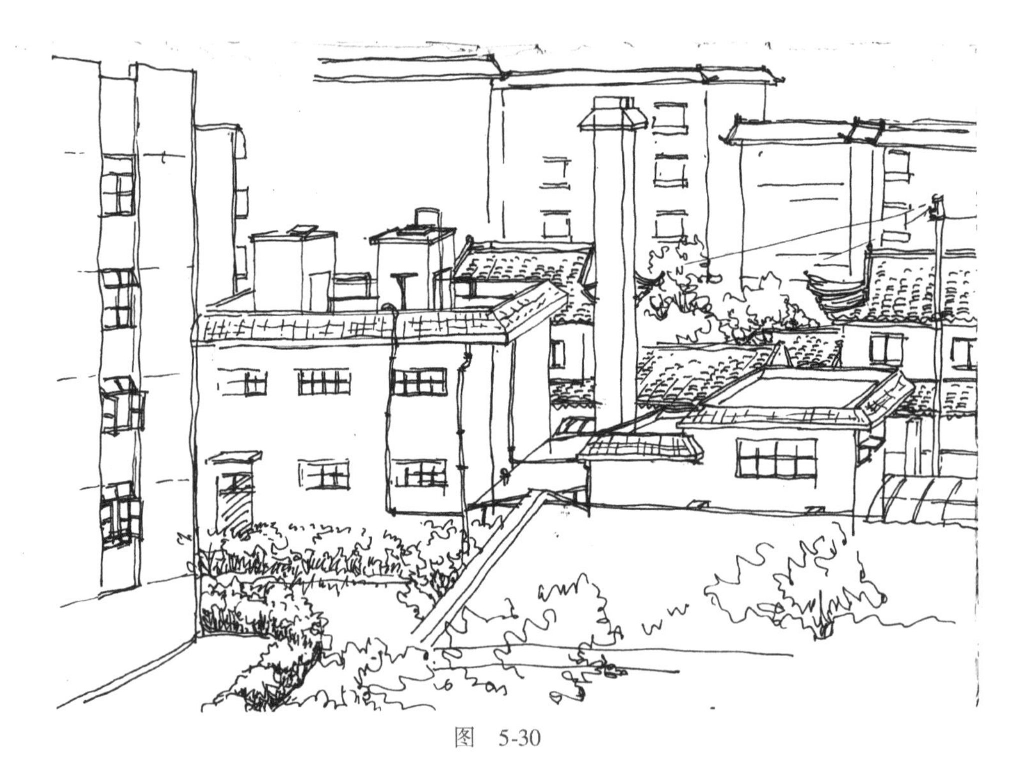

图 5-30

以线组织画面的疏密对比，如瓦与墙体的黑白对比，使它们互相影响，互相衬托，增强画面效果，体现主次关系，如图 5-31、图 5-32 所示。

图 5-31 旅行社

图 5-32　酒店

（二）明暗速写

自然光作用下，以线面明暗造型渲染表现，如图 5-33 所示。

图　5-33

三、公共建筑与环境作画步骤

① 取景：实地选择公共建筑及环境，对景进行最佳角度的选择，主次鲜明，如图 5-34 所示。

图 5-34

② 构图：把握、经营公共建筑的位置，确定所要描绘的主要公共建筑，选择角度把握透视关系，理解、概括形体特征，并对其进行有目的的取舍，使画面主次明确，如图 5-35 所示。

③ 基本形体塑造：整体到局部。公共建筑是描绘的主要对象，先对其基本形体描绘塑造，注意疏密对比，其他环境不进行主要描绘，如图 5-35 所示。

图 5-35

④ 深入刻画：局部到整体。在基本形体的基础上，对主要建筑进行重点刻画、强调，比如曲线、直线对建筑及环境进行不同质感的技法表现，然后突出主体，描绘特征，对它进行基本创意渲染，如图5-36所示。

图 5-36

⑤ 色彩渲染：先铺大体色，由远而近，强调主体，点缀环境，如图5-37所示。

图 5-37

⑥ 画面调整：互相点评、补充调整。先整体后局部，再局部到整体，主要是画面的主次关系，虚实关系等。

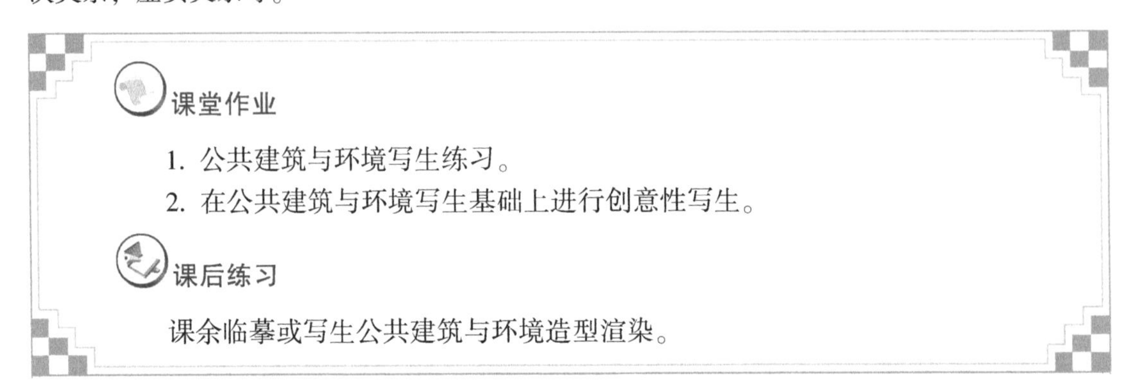

课堂作业

1. 公共建筑与环境写生练习。
2. 在公共建筑与环境写生基础上进行创意性写生。

课后练习

课余临摹或写生公共建筑与环境造型渲染。

任务3 亭、台、楼、阁与环境造型渲染

【任务分析】

亭、台、楼、阁等是中国古典园林、现代园林和寺庙特别善于运用且具有传统民族风格的建筑物，是园林景观设计人员描绘和表现的对象，再配置自然的水、石、花、木等环境组成体现各种情趣的园景建筑。以常见的亭为例，所构成的建筑形象和艺术境界都是独具匠心的，不仅是造型非常丰富多彩，而且它在园林中间起着“点景”与“引景”的作用。如苏州西园的湖心亭、拙政园别有洞天半亭、北京北海公园的五龙亭。再如走廊，它在园林中间既是引导游客游览的路线，又起着分割空间、组合景物的作用。

【工作场景】

公园、景区等。

【材料工具】

绘画铅笔、炭笔、普通水笔；彩色铅笔、马克笔；普通打印纸、素描纸、绘图纸等。

【任务完成步骤】

1. 认真选景，观察描绘对象——不同亭、台、楼、阁与环境的组合。
2. 不同亭、台、楼、阁与环境影像记忆——基本特点。
3. 整体写生或临摹——用几何形体概括描绘对象。
4. 构图布局。
5. 注意线的组织应用，注意比例关系、主次关系、虚实关系。
6. 学生写生中教师全程辅导、个别点评或集中点评。

一、亭、台、楼、阁与环境造型（观察）分析

亭、台、楼、阁，园林建筑设计经常出现的是各种造型的亭子，有仿古式的和现代式的，各具风采，它们外观的基本造型是相似的，不外乎长方体、圆柱体等，顶基本是四面锥体（图5-38）、圆锥体等各种锥体，如图5-39～图5-43所示。楼、阁也如此，内部构件基本形也是几何形体，如长方体、圆柱体柱子、长方体坐凳等，甚至台阶基本也是长方体形组合

而成，如图5-44、图5-45所示。

图5-38　几何体造型

图5-39　现代造型

图5-40　仿古典造型

图5-41　古典造型

图5-42　戏台

图 5-43　亭台几何形体造型

图 5-44　别墅

图 5-45　宫殿

二、亭、台、楼、阁与环境造型技法表现

（一）线面速写

短时间里收集或做园林设计草图表现，亭、台、楼、阁与环境的写生，用线面速写快速表达见效好，重视能表达主题的整体部分，概括亭、台、楼、阁的主要形体，忽略细小部分，特别是亭、台、楼、阁建筑的部分装饰，强调画面对比效果，建筑、植物、山石等质感表达基本清晰，如图 5-46 所示。

（二）明暗速写

时间充裕的情况下，如要展示设计效果，亭、台、楼、阁与植物等环境的写生，可以用线面速写表达质感，用明暗速写表达体感，确定背光面和受光面及投影，强调主次关系，注重虚实关系，用黑色水笔塑造，并进行色彩渲染，如图 5-47、图 5-48 所示。

图　5-46

图　5-47

图 5-48

三、亭、台、楼、阁与环境作画步骤

① 取景：实地选择亭、台、楼、阁及环境，对景进行最佳角度的选择，主次鲜明，如图5-49所示。

② 构图：把握、经营亭、台、楼、阁的位置，确定所要描绘的主要建筑，选择角度把握透视关系，理解、概括形体特征，并对其进行有目的的取舍，使画面主次明确。

③ 基本形体塑造：整体到局部。亭、台、楼、阁是描绘的主要对象，先对其基本形体描绘塑造，注意疏密对比，其他环境不进行主要描绘，如图5-50所示。

图 5-49

图 5-50

④ 深入刻画：局部到整体。在基本形体的基础上，对主要亭、台、楼、阁进行重点刻画、强调，比如曲线、直线对亭、台、楼、阁及环境进行不同质感的技法表现，然后突出主体，描绘特征，对它进行艺术创意渲染，如图5-51所示。

⑤ 色彩渲染：先铺大体色，由远而近，强调主体，点缀环境，如图5-52所示。

图　5-51

图　5-52

课堂作业

1. 亭、台、楼、阁与环境写生练习。
2. 在亭、台、楼、阁与环境写生基础上进行创意性写生。

课后练习

课余时间临摹亭、台、楼、阁与环境等优秀作品。

任务4　建筑、广场入口与环境造型渲染

【任务分析】

入口构筑物是组成居民小区、风景区、广场休闲的重要部分。这些构筑物和设施组成有机的整体，主从分明，满足各个组成部分的功能要求并合理解决交通路线、景观视线、人流问题。入口是有象征性的标志，是按不同功能的要求而设置的，是供人们活动和休息的空间。入口处是人们进入一个功能区域前的首个体验区，既是某个功能区的大门，也是某个功能区的初步展示区。对景区或广场入口的设计，其构筑物、公共设施、绿地、周围的植被等

表现出各种功能区域的内涵，其目的是为居民小区、风景区、广场等造势，为园林工程设计者提出了具备设计基础的要求。

【工作场景】

小区、景区、广场等。

【材料工具】

绘画铅笔、普通水笔；彩色铅笔、马克笔；普通打印纸、素描纸、绘图纸等。

【任务完成步骤】

1. 认真选景，观察描绘对象——不同建筑、广场入口与环境的组合。
2. 不同建筑、广场入口与环境影像记忆——基本特点。
3. 整体写生或临摹——用几何形体概括描绘对象。
4. 构图布局。
5. 注意线的组织应用，注意比例关系、主次关系、虚实关系。
6. 学生写生中教师全程辅导、个别点评或集中点评。

一、建筑、广场入口与环境造型（观察）分析

建筑、广场等入口造型手段、造型材质丰富，造型变化生动，具有标志性，基本是由几何形体组成，如图5-53、图5-54所示；建筑、广场等入口有的设计造型或装饰简洁，如图5-55所示，有的则夸张抽象，以动植物等形象出现，如图5-56、图5-57所示；因地域文化因素仿古建筑入口常有出现，如图5-58、图5-59所示。

图5-53 中西合璧入口

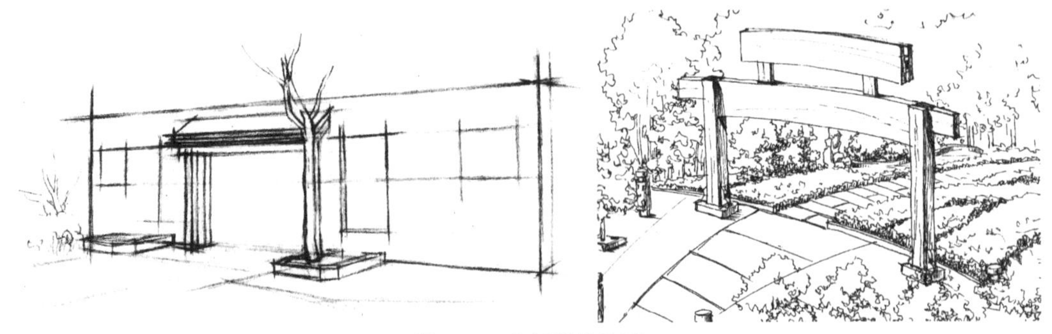

图5-54 几何形体造型

图5-55　小区入口

图5-56　新中式入口

图5-57　动物标志入口

图5-58　古建筑入口

图5-59　四合院入口

二、建筑、广场入口与环境造型技法表现

建筑、广场入口与环境描绘范围相对较小，简易透视方法和造型技法基本可参考民居、公共建筑与环境造型技法。

小范围的建筑、广场入口与环境描绘，用线面速写表达效果比较好，特别是对建筑、广场入口及环境各种材质的表达、黑白对比，也就是说主次对比比较明确，如图5-60～图5-62所示。

图5-60　疏密对比

图5-61　黑白灰对比

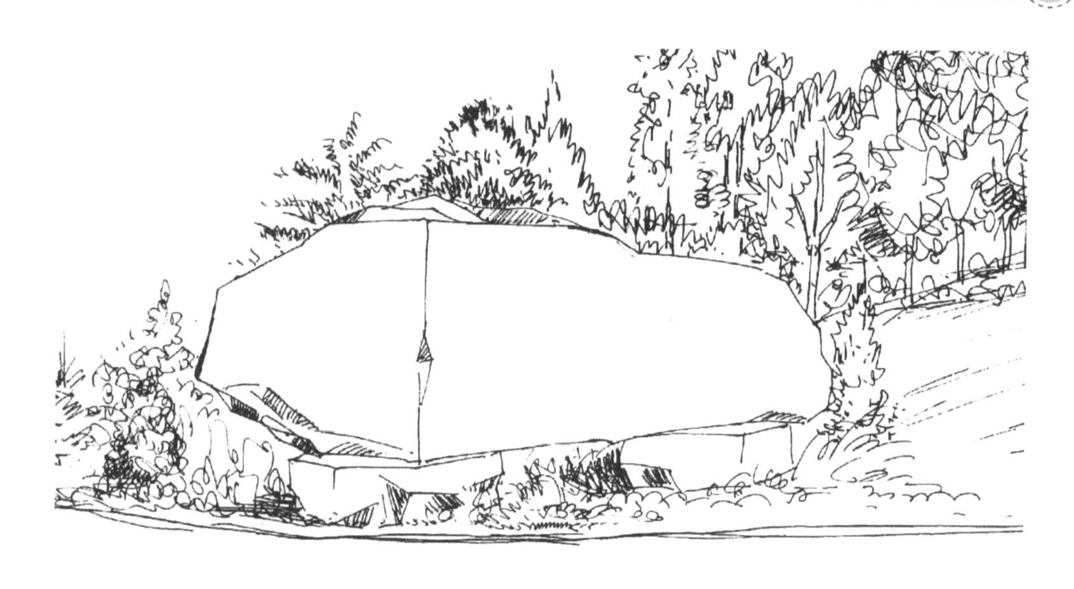

图 5-62　主次对比

三、建筑、广场入口与环境作画步骤

① 取景：实地选择民居或公园、广场入口与环境等，对景进行最佳角度的选择，主次鲜明，如图 5-63、图 5-64 所示。

图　5-63

图 5-64

② 构图：选择入口最佳的位置，确定所要描绘的主要入口建筑，选择角度把握透视关系，理解、概括形体特征，并对其进行有目的的取舍，使画面主次明确，如图 5-65 所示。

图 5-65

③ 基本形体塑造：整体到局部。入口是描绘的主要对象，先对其基本形体描绘塑造，注意疏密对比，其他环境暂时不进行主要描绘，如图 5-66 所示。

图 5-66

④ 深入刻画：局部到整体。在基本形体的基础上，对主要入口建筑进行重点刻画、强调，对入口建筑及环境进行不同质感的技法表现，然后突出主体，描绘特征，并对它进行艺术创意渲染，如图5-67所示。

图 5-67

⑤ 色彩渲染：先铺大体色，由远而近，强调主体，点缀环境，如图5-68所示。

⑥ 画面调整：同学之间互相交流，教师辅导学生，进行点评、补充调整。先整体后局部，再局部到整体，主要是画面的主次关系，虚实关系。

图 5-68

课堂作业

1. 建筑、广场入口与环境写生练习。
2. 在建筑、广场入口与环境写生基础上进行创意性写生。

课后练习

课余时间临摹或写生建筑、广场入口与环境造型渲染表现。

任务5 建筑小品与环境造型渲染

【任务分析】

园林建筑小品以主题新颖体积较小的姿态不断在生活环境中出现，它的功能作用主要是它在环境中既可以独立观赏，又可组景，与周围环境的结合，产生不同的渲染效果，独具一格。作为点缀环境的景观小品，还起着分隔空间与联系空间的作用，使环境空间变化生动，如不同类型的广场、公园、风景区、度假区、酒店庭院、居住小区绿地、道路等，都有园林建筑小品的点缀，设计师合理地将园林小品演绎成具有相对独立的意境，满足了人们的视觉要求和心理要求，更显感染力，是园林环境设计中不可缺少的组成要素。

【工作场景】

小区、景区、广场、街区、商务区等。

【材料工具】

绘画铅笔、普通水笔；彩色铅笔、马克笔；普通打印纸、素描纸、绘图纸等。

【任务完成步骤】

1. 认真选景，观察描绘对象——不同建筑小品与环境的组合。
2. 不同建筑小品与环境影像记忆——基本特点。
3. 整体写生或临摹——用几何形体概括描绘对象。
4. 构图布局。
5. 注意线的组织应用，注意比例关系、主次关系、虚实关系。
6. 学生写生中教师全程辅导、个别点评或集中点评。

一、建筑小品与环境造型（观察）分析

建筑小品包括装饰性小品的造型是根据区域环境、文化环境或主题要求设计而成，如图5-69～图5-71所示；形态活泼涉及面广，形体构成多变，造型美观，装饰性强，富有内涵，如图5-72～图5-74所示。以上这些现象需要静心观察，概括总结，造型时同样用常见的几何形体概括造型，先把复杂的描绘对象简单、概括，确定其构成基本形。

图5-69 地域性小品

图5-70 典型性小品

图5-71 文化性小品

图5-72 生活性小品

图 5-73 趣味性小品

图 5-74 标志性小品

二、建筑小品与环境造型技法表现

认真观察建筑装饰小品的形体结构，先用单线画基本形体，过程中要不断地比较确定主体形状，学会取舍、基本创意，然后再根据主体的特征进行具体描绘，用不同线的组织描绘不同的对象，体现不同的质感。

确定画面的主色调，主体色彩渲染要相对丰富、深入表现，天空、植物等环境根据色彩透视规律相对简练，烘托小品本身的主旨和内涵。

建筑装饰小品塑造技法多样，造型体积相对较小，用线面明暗速写表达效果比较好，既表达了各种装饰小品与环境的造型，又用不同线形的组织体现了量感，比较深入的刻画能体现物体的层次感和厚重感；不同线形的表现增加了画面的美感和质感，如图 5-75 ~ 图 5-77 所示。

图 5-75

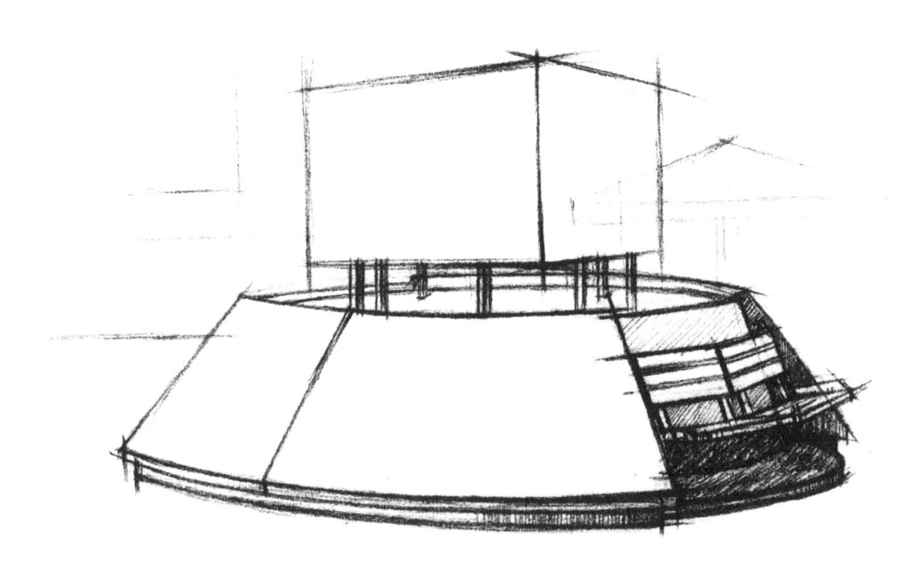

图 5-76

图 5-77

内容繁多的建筑小品与环境，描绘时，通过选择进行取舍，时刻把握建筑小品主体，小品与其他次景的关系掌握节奏，处理好大小比例关系和疏密对比关系，强调整体概括，进行明暗比较，用明暗关系确定背光面和受光面及投影，写生时自始至终特别要注意主次关系，突出主体，渲染氛围，如图 5-78 ~ 图 5-80 所示。

图 5-78　主次关系

图 5-79　疏密关系

图5-80　大小比例关系

三、建筑小品与环境作画步骤

① 取景：选择建筑小品及环境，对景进行最佳角度的选择，主次鲜明，如图5-81所示。

② 构图：确定所要描绘的建筑小品，选择最佳角度，把握主次关系，理解、概括形体特征，并对其进行有目的的取舍，使画面主次明确，如图5-81所示。

图　5-81

③ 基本形体塑造：整体到局部。描绘主要对象，先对其基本形体描绘塑造，注意疏密对比，环境不进行重点描绘，如图 5-82 所示。

图 5-82

④ 深入刻画：局部到整体。在基本形体的基础上，对主要建筑小品进行重点刻画、强调，比如用曲线、直线对建筑小品及环境进行不同质感的技法表现，然后突出主体，描绘特征，对它进行艺术创意渲染，如图 5-83 所示。

图 5-83

⑤ 色彩渲染：先铺大体色，由远而近，强调主体，点缀环境，如图 5-84 所示。

图　5-84

⑥ 画面调整：同学之间互相交流，教师辅导学生，进行点评、补充调整。先整体后局部，再局部到整体，主要是画面的主次关系，虚实关系，氛围渲染，基本艺术创意，如图 5-85所示。

图　5-85

课堂作业

1. 建筑小品与环境写生练习。
2. 在建筑小品与环境写生基础上进行创意性写生。

课后练习

利用课余时间临摹或写生建筑小品与环境。

参考文献

[1] 林家阳，冯俊熙．设计素描［M］．北京：高等教育出版社，2005.
[2] 林家阳，鲍峰，张奇开．设计色彩［M］．北京：高等教育出版社，2005.
[3] 钟训正．建筑画环境表现与技法［M］．北京：中国建筑工业出版社，1985.
[4] 王概，等．芥子园画谱［M］．北京：印刷工业出版社，2011.